暖呼呼汤煲

补养全家

瑞雅 编著

爆红料理
MOST POPULAR

爱上回家吃饭

U0278335

中国人口出版社
China Population Publishing House
全国百佳出版单位

图书在版编目(CIP)数据

暖呼呼汤煲补养全家 / 瑞雅编著. -- 北京：中国
人口出版社, 2016.3
ISBN 978-7-5101-3966-6

Ⅰ. ①暖… Ⅱ. ①瑞… Ⅲ. ①汤菜－菜谱 Ⅳ.
①TS972.122

中国版本图书馆CIP数据核字（2015）第285118号

暖呼呼汤煲补养全家

瑞　雅　编著

出 版 发 行	中国人口出版社	
印　　　刷	北京鑫国彩印刷制版有限公司	
开　　　本	787毫米×1092毫米　1/16	
印　　　张	12	
字　　　数	250千	
版　　　次	2016年3月第1版	
印　　　次	2016年3月第1次印刷	
书　　　号	ISBN 978-7-5101-3966-6	
定　　　价	19.90元	

社　　　长	张晓林
网　　　址	www.rkcbs.net
电 子 信 箱	rkcbs@126.com
总编室电话	（010）83519392
发行部电话	（010）83534662
传　　　真	（010）83519401
地　　　址	北京市西城区广安门南街80号中加大厦
邮　　　编	100054

目录

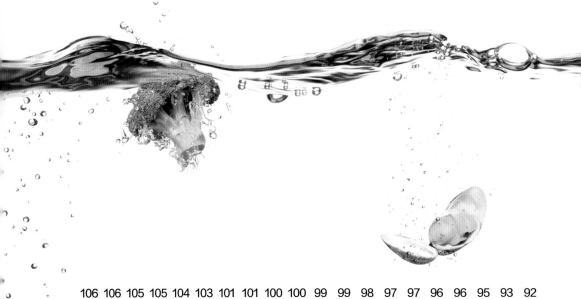

计量单位换算：
1 小匙≈3 克≈3 毫升
1 大匙≈15 克≈15 毫升
1 杯≈200 毫升
1 碗≈300 毫升
少许＝略加即可，如用来点缀菜品的香菜叶、红椒丝等。
适量＝依自己口味，自主确定分量。
烹调中所用的高汤，读者可依个人口味，选择鸡汤、排骨汤或是素高汤都可以。

第一章

畜肉汤煲

浓郁香醇

一碗畜肉汤煲，不仅满足了我们的口腹之欲，而且补充了身体所需要的营养素。从翻开这一章开始，您就踏上了美味之旅。

① ② 3 4

5 6 7 8

鲜蔬肉汤

材料

猪后腿肉 200 克，小西红柿 20 克，豆角、土豆各 40 克，甜玉米 50 克，姜末 8 克。

调料

辣椒油、豆瓣酱、料酒各 1 大匙，胡椒粉、花椒粉各少许，老抽 3 大匙，花椒 5 粒。

做法

❶ 小西红柿洗净，对切；甜玉米、豆角洗净，切小段；土豆洗净，去皮切块；备好其他食材（图①）。

❷ 猪后腿肉汆烫透，捞出，切成大薄片（图②）。

❸ 姜末与老抽、辣椒油、花椒粉、豆瓣酱拌匀，调和成辣椒酱（图③）。

❹ 锅中加水，放入土豆块、玉米段、豆角段，放花椒，大火煮烂（图④）。

❺ 下入肉片、小西红柿块，稍煮后下入料酒、胡椒粉即可。食用时蘸辣椒酱（图⑤～图⑧）。

小西红柿含有丰富的维生素、番茄红素等营养物质，可以促进人体的生长发育，延缓衰老。

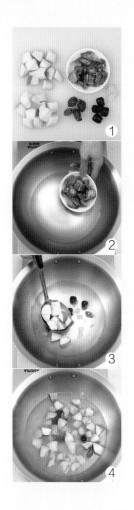

苹果猪肉煲

材料

雪梨、苹果各 4 个，猪肉 450 克，南杏、北杏各 20 克，姜 2 片，蜜枣 8 颗。

调料

盐适量。

做法

❶ 雪梨、苹果均洗净，去核，切大块；南杏、北杏均泡水；猪肉洗净，切小块；备好其他食材（图①）。

❷ 猪肉块放入沸水中汆烫，捞出沥干（图②）。

❸ 锅中加水烧开，加入雪梨块、苹果块以外的材料，以中火煲 40 分钟。加入雪梨块、苹果块继续煲 30 分钟，最后加入盐调味即可（图③、图④）。

> 苹果素有"水果之王"之称，富含维生素 C，可美白皮肤。此外，苹果含有的果胶以及膳食纤维可以缓解便秘，排毒养颜。

圆白菜炖肉

材料

猪肉 400 克，圆白菜 900 克，蒜 30 克。

调料

酱油 3 大匙，盐 1/4 大匙，白砂糖 1 小匙，醪糟 2 大匙，干辣椒 10 克。

做法

❶ 圆白菜洗净，切大块；猪肉洗净，切块。

❷ 油锅烧热，爆香蒜瓣及干辣椒，加入猪肉块炒至变色，再加入所有调料及足量的水，煮沸后盖上锅盖，小火炖 30 分钟。

❸ 将圆白菜以沸水汆烫至微软，捞出后放入炖锅中炖 30 分钟，再关火闷 10 分钟即可。

茭白肉丝汤

材料

茭白 200 克，猪肉 100 克，香菇 50 克，姜、葱各适量。

调料

高汤、水淀粉、盐、味精、料酒各适量。

做法

❶ 茭白洗净，切成薄片；香菇去蒂，洗净，切成小块；姜洗净，切片；葱洗净，切段。

❷ 猪肉洗净，切片，加少许盐、水淀粉抓匀上浆。

❸ 油锅烧热，放姜片和葱段爆香，放入猪肉片稍炒，再投入茭白片煸炒片刻。

❹ 加高汤，放入香菇块，用大火煮沸，加料酒、盐、味精调味即可。

海带苦瓜瘦肉汤

材料

苦瓜 500 克，海带 100 克，猪瘦肉 250 克。

调料

盐、味精各少许。

做法

❶ 苦瓜洗净，切成两半，去瓤，切块；海带浸泡 1 小时，洗净，切丝；猪瘦肉洗净，切成小块。

❷ 苦瓜块、海带丝、猪瘦肉块放入砂锅中，加适量清水，大火烧开后转小火，煲至猪瘦肉块熟烂。

❸ 出锅前加入盐、味精调味即可。

佛手猪肉汤

材料

猪瘦肉 250 克，佛手瓜 1 个，青豆 50 克，胡萝卜块 30 克，葱花适量。

调料

高汤、淀粉、盐、味精、香油、胡椒粉、生抽各适量。

做法

❶ 佛手瓜去皮，去瓤，洗净后切成小块。

❷ 青豆洗净，用水泡软，沥干；猪瘦肉洗净，切丝，加盐、生抽腌渍片刻。

❸ 高汤入锅，放入青豆，大火煮沸后放入佛手瓜块、胡萝卜块和猪瘦肉丝，再次煮沸后合盖，改用小火温煮 50 分钟。加盐、味精、胡椒粉调味，淀粉勾芡，淋入香油，撒上葱花即可。

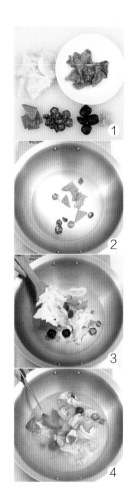

山楂蔬菜瘦肉汤

`健脾益胃+补中益气`

做法

❶ 山楂、蜜枣洗净；胡萝卜去皮，洗净，切块；圆白菜洗净，切片；猪瘦肉洗净，切片；备好其他食材（图①）。

❷ 猪瘦肉片放入沸水中氽烫，捞出洗净。

❸ 锅内加适量水，大火烧开，放入所有材料，烧开后改小火煲2小时，加盐调味即可（图②~图④）。

材料

猪瘦肉、圆白菜各100克，胡萝卜、蜜枣各50克，山楂60克，姜片适量。

调料

盐适量。

圆白菜富含叶酸，贫血患者可以多食用，圆白菜含有丰富的膳食纤维，多食用圆白菜可以增进食欲，促进胃肠蠕动，加快消化，预防便秘。胡萝卜富含维生素，其含有的胡萝卜素，有明目的功效。

马齿苋瘦肉汤

材料

绿豆、猪瘦肉、马齿苋各 150 克，蒜末适量。

调料

香油、盐、味精各适量。

做法

❶ 绿豆在清水中充分浸泡后捞出，沥干；马齿苋去根部、老茎，洗净，切段。

❷ 猪瘦肉洗净，切成肉丝，加盐腌渍片刻。

❸ 锅中加水，放入绿豆，用大火煮沸后撇去浮沫，改用小火温煮 30 分钟左右至绿豆皮稍稍裂开，再放入猪瘦肉丝、马齿苋段和蒜末，合盖温煮 15 分钟。

❹ 出锅前加香油、盐、味精调味即可。

荷叶瘦肉汤

材料

猪瘦肉 250 克，柠檬片 6 片，荷叶、鸡内金、薏米、莲子各适量。

调料

盐少许。

做法

❶ 荷叶、鸡内金、薏米、莲子分别洗净；猪瘦肉洗净，切片。

❷ 锅置火上，加适量清水烧沸，放入猪瘦肉片汆烫至变色，捞出，沥干。

❸ 净锅加水，放入猪瘦肉片，加柠檬片、荷叶、鸡内金、薏米、莲子，大火烧开，转小火慢煮 15 分钟，待猪瘦肉片熟烂时加盐调味即可。

丸子粉丝汤

清热凉血 + 滋养脏腑

做法

❶ 空心菜洗净，留叶备用；香菇洗净，去蒂，切成碎末；葱、姜洗净，切末；备好其他食材（图①）。

❷ 猪肉末放入碗中，加葱花、姜末、香菇末，调入料酒、白胡椒粉、香油、生抽和水淀粉，按一个方向用力搅拌上劲。

❸ 汤锅中加高汤和 500 毫升冷水，大火烧开后，调至小火使锅中的汤停止翻滚。将调好的肉馅做成丸子，汆入汤中，并继续用小火加热至丸子浮起（图②、图③）。

❹ 放入绿豆粉丝，调成中火煮 3 分钟，然后投入空心菜叶，加盐，待空心菜叶变色即可（图④）。

材料

空心菜 500 克，猪肉末 100 克，鲜香菇 5 个，绿豆粉丝 1 把，葱 1 根，姜 1 片。

调料

料酒、生抽各 2 小匙，盐、香油各 1 小匙，高汤 1 碗，水淀粉 2 大匙，白胡椒粉半小匙。

五花肉豆角煲

清热解毒+润泽肌肤

材料

五花肉 200 克，豆角 250 克，胡萝卜 30 克，葱段、姜末各适量。

调料

盐、味精、香油、老抽各适量。

做法

❶ 五花肉洗净，切片；豆角洗净，切段；胡萝卜去皮，洗净，切条；备好其他食材（图①）。

❷ 油锅烧热，爆香葱段、姜末，放入五花肉片煸炒（图②）。

❸ 加老抽，放入豆角段、胡萝卜条炒约 1 分钟（图③）。

❹ 锅中倒入水，加盐、味精，煲熟，淋入香油即可（图④）。

豆角中含有丰富的 B 族维生素，能够维持消化系统健康，适宜急性肠胃炎、腹泻、呕吐患者食用。胡萝卜中含有丰富的胡萝卜素，胡萝卜素经人体消化后，分解成维生素 A，可以预防夜盲症。

人参瘦肉汤

材料

猪瘦肉 300 克，无花果、人参各 80 克，姜适量。

调料

料酒、盐各适量。

做法

❶ 猪瘦肉洗净，切块，放入沸水中氽烫一下，去除血污，捞出，洗净，控水。

❷ 人参、无花果分别洗净；姜洗净，切片。

❸ 猪瘦肉块、无花果、人参以及姜片放入炖盅，加适量清水、料酒，加盖，大火烧开后转小火，隔开水煮 2.5 个小时，用盐调味即可。

鱼腥草瘦肉汤

材料

猪瘦肉 200 克，绿豆 50 克，鱼腥草 35 克（鱼腥草有小毒，食用时不应过量），罗汉果（或胖大海）、枸杞子各 15 克，姜片适量。

调料

盐适量。

做法

❶ 猪瘦肉洗净，切块，放入沸水中氽烫一下。

❷ 将氽烫好的猪瘦肉块放入净锅内（不加油）煸干水分，盛出备用。

❸ 鱼腥草洗净，放入煲盅内，加入剩余所有材料，倒入适量的水，用大火煮沸。

❹ 转小火煲 2 个小时，喝前加盐调味即可。

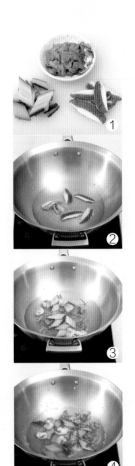

滋养脏腑＋利水消肿

榨菜里脊汤

材料

猪里脊100克，黄瓜1根，榨菜25克。

调料

清汤700毫升，盐、味精、料酒、香油各适量。

做法

❶ 黄瓜、猪里脊分别洗净，切片；备好其他食材（图①）。

❷ 里脊肉片放入沸水中汆烫一下，捞出沥干（图②）。

❸ 锅内倒入适量清汤，放入里脊肉片、黄瓜片、榨菜，煮沸后加盐、味精、料酒，淋入香油即可（图③、图④）。

　　黄瓜可用做面膜，这是因为其含有丰富的维生素E和黄瓜酶，黄瓜酶具有很强的生物活性，有延缓衰老的作用。榨菜有健脾开胃、保肝减肥的功效，此外，榨菜还可以缓解晕车晕船的症状，晕车晕船时可以嚼一片榨菜。

茄子肉末汤

滋养脏腑 + 清热止血

做法

❶ 茄子洗净去蒂，一半去皮，一半带皮，切长条；猪肉洗净，剁成肉末；葱、蒜洗净，切末（图①）。

❷ 油锅烧热，放入茄条煎至脱水，捞出沥油（图②）。

❸ 油锅烧热，下入猪肉末炒匀，加蒜末、老抽炒至上色（图③）。

❹ 放入煎好的茄条，加料酒翻炒片刻，倒入适量高汤煮开，加盐、味精调味，撒上葱花即可（图④）。

材料

茄子 250 克，猪肉 200 克，蒜、葱各适量。

调料

老抽、盐、味精、料酒、高汤各适量。

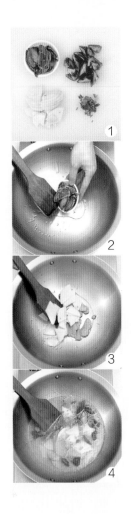

西红柿里脊汤

凉血平肝 + 润肺生津

材料

土豆 100 克，西红柿 75 克，猪里脊 50 克，香菜适量。

调料

盐、味精、香油各适量。

做法

❶ 土豆、西红柿洗净，切块；猪里脊处理干净，切片；备好其他食材（图①）。

❷ 油锅烧热，放入猪里脊肉煸炒片刻，再放入土豆块、西红柿块翻炒均匀（图②、图③）。

❸ 锅中加水，调入盐、味精煮至材料软熟，淋入香油，撒上香菜即可（图④）。

西红柿有健胃消食的功效；土豆有补中益气、健脾利湿、宽肠通便的功效，与猪肉同食，可以增强人体免疫力。

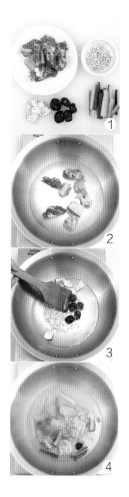

薏米排骨汤

健脾消肿 + 生津止渴

做法

❶ 黄瓜洗净，切长条；薏米洗净；陈皮用温水稍泡后洗净；蜜枣洗净；排骨洗净，剁小块（图①）。

❷ 排骨块入沸水中氽烫一下，洗净血水（图②）。

❸ 锅置火上，倒入适量清水，放入排骨块、黄瓜条、薏米、蜜枣、陈皮，小火炖 3 小时后加盐调味即可（图③、图④）。

　　薏米中含有的薏米酯，有滋补、抗癌的作用；其根中含有的薏米醇，具有降压、解热、利尿的功效。蜜枣中含有大量的糖分、胡萝卜素、维生素 C 和碳水化合物，有补血、益肺、健胃的功效，比较适合老人、小孩食用。

材料

排骨、黄瓜、薏米、蜜枣、陈皮各适量。

调料

盐适量。

1 2 3 4

5 6 7 8

罗汉笋排骨汤

材料

罗汉笋 150 克，咸肉 10 克，猪排骨 100 克，姜 3 片，葱 1 根。

调料

料酒 2 小匙，盐 1 小匙，胡椒粉、白砂糖各半小匙。

做法

❶ 罗汉笋洗净，切段；猪排骨洗净，剁成段；咸肉切片；葱切段；备好其他食材（图①）。

❷ 罗汉笋段和猪排骨段分别放入沸水中，汆烫片刻捞出（图②、图③）。

❸ 将罗汉笋段、猪排骨段、咸肉片、姜片、料酒、盐、胡椒粉和白砂糖盛入煲锅，加入适量清水拌匀（图④~图⑦）。

❹ 放入电蒸箱中蒸 40 分钟，取出撒上葱段即可（图⑧）。

罗汉笋是一种多膳食纤维、低脂肪、低淀粉的食物，适合减肥者食用。

肉片苦瓜汤

材料
猪瘦肉 50 克，苦瓜 2 根，山药、枸杞子各 20 克，葱花、姜末各适量。

调料
鸡汤、盐、白胡椒粉各适量。

做法
❶ 猪肉洗净，切片；苦瓜去瓤，切片；山药去皮，切片。

❷ 油锅烧热，下入葱花、姜末、猪瘦肉片炒香。

❸ 加入适量鸡汤，再放入山药片、枸杞子以及适量的盐、白胡椒粉。

❹ 大火煮开，改用中火煮 10 分钟，放入苦瓜片稍煮即可。

龙眼雪梨炖瘦肉

材料
猪瘦肉 250 克，雪梨 1 个，枸杞子 10 克，龙眼肉、姜各少许。

调料
清汤适量，盐、鸡精、冰糖、料酒各少许。

做法
❶ 雪梨去籽、皮，切块；猪瘦肉洗净，切厚片；枸杞子泡透；姜去皮，切丝。

❷ 锅内加水，待水开时，放入猪瘦肉片，用大火煮片刻，捞出。

❸ 在炖盅内加入猪瘦肉片、雪梨块、枸杞子、龙眼肉、姜丝，调入少许盐、鸡精、冰糖、料酒，加清汤，加盖，入锅中隔水炖 1 小时即可。

大豆红枣排骨汤

材料

猪排骨 100 克，大豆 150 克，金针菇 50 克，姜片 10 克，红枣 4 颗，香菜叶少许。

调料

盐、味精各适量。

做法

❶ 大豆用清水泡软，洗净；金针菇切去根部，洗净。

❷ 红枣洗净，去核；排骨洗净，剁小块，入沸水中汆烫去血水，捞出。

❸ 汤锅置火上，加适量水烧开，放入除香菜叶外的所有材料，以中小火煲煮至材料软熟，出锅前加盐、味精调味，撒上香菜叶即可。

土豆排骨汤

材料

猪排骨段 500 克，土豆 2 个，红辣椒 1 个，葱、姜各适量。

调料

盐 1 小匙，咖喱 3 块，生抽 3 小匙。

做法

❶ 猪排骨段洗净汆烫；土豆去皮，切滚刀块；姜去皮，切片；葱、红辣椒切段。

❷ 油锅烧热，加葱段、姜片及辣椒段爆香，放入猪排骨段，加咖喱块，翻炒均匀。

❸ 倒入清水没过猪排骨，加生抽，大火烧开转中火，炖 20 分钟后加入土豆块和盐，继续炖 20 分钟至汤汁浓稠即可。

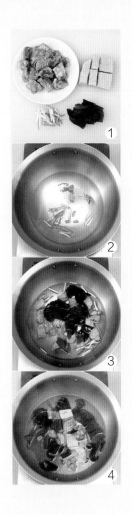

冻豆腐排骨汤

益气和中＋清热利水

材料

冻豆腐 300 克，猪排骨 50 克，海带 100 克，葱 1 根，姜 20 克。

调料

盐 1 小匙。

做法

❶ 葱洗净，切段；姜拍破；冻豆腐解冻后切成大块；猪排骨洗净，剁成小块备用；海带洗净备用（图①）。

❷ 锅中加水，放入排骨块，大火烧开后煮 2 分钟后捞出，洗净。

❸ 砂锅加水，大火烧开，放入葱段、姜和排骨块，烧开后加盖，小火焖煮 1 小时。放入海带，继续加盖小火焖煮 40 分钟，加盐、冻豆腐，焖煮 20 分钟即可（图②～图④）。

> 猪排骨中含有人体必需的优质蛋白质、脂肪，而且其含有的钙可以维护骨骼健康。海带中含有丰富钙元素以及碘元素，有助于甲状腺素的合成。

大豆排骨汤

清热益气+润泽肌肤

做法

❶ 苦瓜洗净，去瓤和籽，切块；备好其他食材（图①）。

❷ 排骨块放入沸水中氽烫5分钟，捞出清洗干净。

❸ 将大豆、红枣、苦瓜块、排骨块、姜片一起放入盛有1500毫升水的炖盅里，隔水炖2小时，加盐和鸡精调味，继续炖15分钟即可（图②～图④）。

　　苦瓜中含有苦瓜苷，这种营养素有降低血糖的作用，较适合糖尿病患者食用；苦瓜生吃有清热败火的功效，熟食有清心明目、润肤补肾的功效。大豆中含有不饱和脂肪酸，可以降低胆固醇的吸收，适合动脉硬化患者食用。

材料

排骨块400克，苦瓜200克，泡发大豆50克，红枣、姜片各5克。

调料

盐、鸡精各半小匙。

玉米排骨汤

健脾开胃 + 益肺宁心

材料

猪排骨块 300 克，玉米段半个，白菜叶 50 克，葱段、姜片各适量。

调料

盐、味精、老抽各适量。

做法

❶ 白菜叶洗净，撕成小块；备好其他食材（图①）。

❷ 猪排骨块放入沸水中，汆烫去血水，洗净。

❸ 油锅烧热，用葱段、姜片爆香，放入排骨块、玉米段同炒 2 分钟（图②）。

❹ 加水，调入盐、味精、老抽，小火煮 20 分钟，放入白菜煮沸即可（图③、图④）。

玉米含有不饱和脂肪酸以及维生素 E，这两种元素的协同作用，可以降低血液中胆固醇的浓度，因此，冠心病、动脉粥样硬化、高血压等患者较适宜食用玉米。

粉肠猪肚煲

材料

鲜猪肚 1 个，芥菜 150 克，粉肠 300 克，姜片、葱段各适量。

调料

咸菜、盐、淀粉、熟油、生抽各适量。

做法

❶ 咸菜用水浸泡一下，洗净，切条。

❷ 粉肠洗净，放沸水中汆烫一下，捞出放凉，用盐和淀粉将猪肚内外擦净。

❸ 锅内加清水烧开，放入所有材料、咸菜烧开后改小火煲至肚肠熟、汤浓时，加盐、熟油和生抽调味即可。

菌菇猪肚汤

材料

猪肚 150 克，菌菇 100 克。

调料

盐、味精、香油、高汤各适量。

做法

❶ 猪肚洗净，切条；菌菇用水浸泡，捞出，沥干，切条。

❷ 猪肚条放入沸水中汆烫一下，捞出沥干。

❸ 油锅烧热，放入猪肚条煸炒片刻。

❹ 锅中加高汤，调入盐、味精，小火煲 10 分钟，再放入菌菇条煲 3 分钟，出锅前淋入香油即可。

薏米白果煲猪肚

健脾补气 + 敛肺止咳

材料

猪肚 100 克，白果、薏米各 20 克，姜 10 克。

调料

盐、醪糟、面粉各适量。

做法

❶ 猪肚加面粉揉搓洗净；姜洗净，去皮切片；白果、薏米洗净（图①）。

❷ 锅置火上，加适量清水，放入猪肚煮至半熟（图②）。

❸ 猪肚捞出，待其稍凉后切成小块。

❹ 净锅置火上，加适量清水，放入猪肚块、姜片、薏米、白果（图③）。

❺ 大火煮沸，转中火炖煮 1 个小时，待猪肚块完全熟透，加醪糟搅匀，加盐调味即可（图④）。

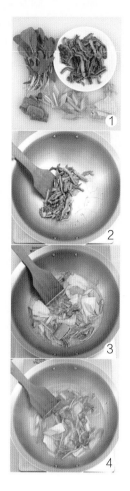

豆苗火腿猪肚汤

利水消肿+生津益血

做法

❶ 猪肚洗净，切丝；豆苗去根，洗净；火腿切丝；冬笋切片；芹菜择洗干净，切段；备好其他食材（图①）。

❷ 油锅烧热，用葱段、姜片炝锅，放入猪肚丝、豆苗、冬笋片、火腿丝、芹菜段同炒几分钟（图②、图③）。

❸ 加水，放入盐、味精，小火煲3分钟，淋入香油即可（图④）。

冬笋含有的多糖物质有一定的抗癌作用；其含有的草酸与钙结合会形成草酸钙，因此，尿道结石、肾炎患者不宜多吃，另外，食用前应先汆烫；冬笋含有多种微量元素以及纤维素，在促进消化的同时，还可以缓解便秘。

材料

猪肚200克，豆苗100克，火腿30克，冬笋、芹菜各20克，葱段、姜片各适量。

调料

盐、味精、香油各适量。

银耳白菜猪肝汤

材料

银耳 10 克，猪肝、小白菜各 50 克，鸡蛋 1 个，姜、葱各适量。

调料

盐、老抽、淀粉各适量。

做法

❶ 银耳用温水泡发，去根后撕散；猪肝洗净，切片；小白菜洗净，切长段；姜切片；葱切段；备好其他食材（图①）。

❷ 猪肝片放在碗内，加淀粉、盐、老抽拌匀（图②）。

❸ 油锅烧至六成热，下入姜片、葱段爆香。

❹ 锅中加 300 毫升清水，烧开后放入小白菜段、银耳、猪肝片煮 10 分钟，打入鸡蛋，煮熟即可（图③～图⑧）。

银耳有安神补血的功效；小白菜有养胃生津、除烦止渴、清热解毒的功效，此汤有补气益血的作用。

猪肝红枣养生汤

材料

猪肝 150 克，当归 18.5 克，熟地黄 10 克，白芍适量，川芎 3.5 克，红枣 6 颗。

调料

无。

做法

❶ 猪肝洗净，切片；红枣洗净；其余材料均洗净。

❷ 锅置火上，加入适量的清水，将除猪肝片外的所有材料放入锅中，以中火煮开后，转小火继续煮 15 分钟。

❸ 将切好的猪肝片放入锅中，再煮 5 分钟出锅即可。

猪肝明目汤

材料

平菇 50 克，猪肝 300 克，鸡蛋 2 个，葱花适量。

调料

盐、水淀粉各适量。

做法

❶ 平菇洗净，撕成小块；猪肝洗净，切成片，加入水淀粉抓匀，稍腌渍，然后用清水冲洗干净。

❷ 锅置火上，加水烧开，放入平菇块煮片刻。

❸ 下入猪肝片，煮至变色，加盐调味。

❹ 鸡蛋打入碗中，打散后均匀地倒入锅中，关火，撒入葱花即可。

猪肝汤

补血养血＋补肝明目

做法

❶ 猪肝洗净，切成薄片，加水淀粉抓匀上浆；豆腐洗净，切片；备好其他食材（图①、图②）。

❷ 锅置火上，加入适量水，放入豆腐片，加少许盐，大火烧开。

❸ 放入猪肝片，加盐、味精、葱段、姜片，再煮5分钟即可（图③、图④）。

材料

猪肝、豆腐、姜片、葱段各适量。

调料

盐、味精、水淀粉各适量。

猪肝中含有丰富的铁元素以及磷元素，可以加强机体的造血功能；其含有的蛋白质、卵磷脂以及微量元素，可以促进儿童身体及智力的发育；猪肝中含有丰富的维生素A，经常食用可预防夜盲症。

当归猪血汤

材料

猪血 400 克，莴笋 280 克，当归 10 克，青蒜叶末、姜片各适量。

调料

味精、胡椒粉、鲜汤、料酒、盐各适量。

做法

❶ 莴笋去皮、叶，洗净，切片；猪血洗净，切大块；其余材料均洗净备齐。

❷ 锅置火上，倒入鲜汤，加入当归、姜片煮沸。

❸ 放入莴笋片，烧开后放入盐、猪血块、料酒，再次烧开后加入青蒜叶末、味精、胡椒粉，调拌均匀，煲出香味即可出锅。

花生猪蹄汤

材料

猪蹄 450 克，花生、姜各适量，香菜少许。

调料

盐 1 大匙，鸡精适量，醪糟、老抽各 1 小匙，高汤 100 毫升。

做法

❶ 猪蹄去毛，洗净，切块，用热水汆烫；花生洗净，沥干；姜去皮，切细丝。

❷ 锅内加水、高汤，放入猪蹄块、花生、姜丝，大火煮沸。

❸ 用小火熬炖至熟，加入剩余调料，撒上香菜即可。

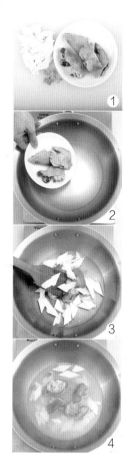

茭白猪蹄汤

利尿止渴 + 补血润肌

做法

❶ 茭白、姜洗净，切片；猪蹄洗净，切块（图①）。

❷ 猪蹄块放入沸水中汆烫一下，捞出，沥干（图②）。

❸ 猪蹄块放入锅中，放入姜片、料酒和适量清水，大火烧开。

❹ 用小火炖至猪蹄块软烂，加茭白片烧开，2~3 分钟后加盐调味即可（图③、图④）。

材料

猪蹄、茭白、姜各适量。

调料

盐、料酒各适量。

茭白中的豆甾醇有抗氧化的功效。猪蹄中含有丰富的胶原蛋白，胶原蛋白对于缓解细胞衰老、腿部抽筋、四肢疲乏等有益。

益血补心＋补肾润肌

莲子猪蹄汤

材料

猪蹄、藕各 400 克，莲子 20 颗，红枣 12 颗，陈皮 10 克，姜片适量。

调料

盐适量。

做法

❶ 莲子、陈皮洗净；红枣洗净，去核；藕洗净，切小块；猪蹄洗净，切块；备好其他食材（图①）。

❷ 砂锅加水，大火烧开，放入藕块、猪蹄块、红枣、莲子、陈皮、姜片，烧开后撇去浮沫（图②、图③）。

❸ 改用中小火继续煨至猪蹄块熟烂，加盐调味即可（图④）。

莲藕有健脾、开胃、益血的功效；莲子有清心醒脾、养心安神的功效；猪蹄有美容养颜的作用。此道菜较适合女性食用。

蹄筋汤

材料

水发蹄筋 300 克，火腿、生菜各 50 克，姜片、葱段各适量。

调料

盐、料酒、水淀粉、味精各适量。

做法

❶ 火腿切片；生菜择好后洗净。

❷ 将水发蹄筋用温水浸泡，洗净，切成小块，氽烫后捞出沥干。

❸ 油锅烧热，用姜片和葱段爆香，加料酒，倒入蹄筋块，大火煮沸后放入火腿片，改用小火温煮至蹄筋熟烂，最后放入生菜烫熟。

❹ 加盐、味精，用水淀粉勾芡即可。

玉米炖猪蹄

材料

猪蹄、玉米各 2 个，姜 5 片，葱花适量。

调料

桂皮、干辣椒、大料各 5 克，豆豉、豆瓣酱、料酒各 2 小匙，盐、老抽、白砂糖各 1 小匙，鸡精半小匙。

做法

❶ 玉米洗净，切段；猪蹄洗净，剁成小块，氽烫 3 分钟，捞出。

❷ 油锅烧至八成热，放入姜片、干辣椒、豆豉、桂皮、大料煸香，放入猪蹄块，爆炒至断生，加盐、料酒、老抽、豆瓣酱、白砂糖。

❸ 加水煮沸后放入玉米段，沸腾后转小火焖 30 分钟，加鸡精调味，拌匀后撒上葱花即可。

老干妈蹄花汤

材料

猪蹄 2 个，芸豆 100 克，葱段 20 克，葱花、姜片各 5 克。

调料

花椒、大料、绵白糖、生抽各 1 小匙，盐、生辣椒酱各 2 小匙，老干妈辣酱 1 大匙。

做法

❶ 将猪蹄的毛处理干净，洗净，对半切开。

❷ 猪蹄放入炖锅里，加水没过猪蹄，大火烧开，撇去血沫，直至完全没有血沫后放入葱段、姜片、花椒、大料、芸豆、盐，大火煮开，转中小火慢炖 2 小时，煮至猪蹄和芸豆软烂，捞出。

❸ 取一只碗放入生辣椒酱、生抽、老干妈辣酱、绵白糖、葱花，调成小料，蘸食即可。

冬瓜炖猪脑

材料

猪脑 200 克，冬瓜 150 克，香菇适量，姜片 10 克。

调料

醪糟、盐各适量。

做法

❶ 冬瓜洗净后去皮，切小块；香菇择洗干净，切小丁；猪脑洗净，备用。

❷ 将猪脑表面筋膜撕干净，再放入加水的碗中浸泡约半小时，去净血污后洗净。

❸ 锅置火上，倒入足量清水烧开，放入姜片、猪脑、香菇丁和冬瓜块炖煮至材料熟透，最后加盐和醪糟拌匀即可。

枸杞红枣猪蹄汤

补血润肌 + 滋补肝肾

做法

❶ 红枣洗净，去核；白扁豆、枸杞子洗净；薏米淘洗干净，用清水泡透；猪蹄处理干净；备好其他食材（图①）。

❷ 锅置火上，加温水、料酒，放入猪蹄，汆烫至水开，捞出沥干。

❸ 砂锅加水烧开，放入猪蹄，加葱段、姜片、红枣、白扁豆、薏米、枸杞子，大火烧开，烹入料酒（图②、图③）。

❹ 转小火，加入盐和胡椒粉，再煮40分钟，撒上香菜末即可（图④）。

材料

猪蹄、白扁豆、枸杞子、红枣、薏米、葱段、姜片、香菜末各适量。

调料

盐、料酒、胡椒粉各适量。

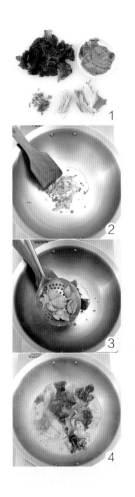

木耳黄瓜腰片汤

益肾填精 + 补气养血

材料

水发黑木耳、猪腰、黄瓜、葱花、姜丝各适量。

调料

花椒粉、盐、鸡精各适量。

做法

❶ 水发黑木耳择洗干净，撕成小片；黄瓜洗净，去蒂，切片；备好其他食材（图①）。

❷ 猪腰去膜，横刀切开，去除白色筋状物，切片，放入沸水中汆烫透，捞出。

❸ 油锅烧至七成热，放入葱花、姜丝和花椒粉炒香，倒入黑木耳片和猪腰片翻炒均匀（图②、图③）。

❹ 加适量清水，大火煮沸，转中火煮5分钟，放入黄瓜片煮3分钟，用盐和鸡精调味即可（图④）。

百叶腰子汤

材料

猪腰 1 副，水发百叶 100 克，姜片适量。

调料

香油、盐、料酒、白砂糖各适量。

做法

❶ 猪腰剥去薄膜，剖开，剔除筋，切成片后再切成花，反复漂洗后沥干，抹上料酒和盐腌渍 30 分钟，放入沸水中汆烫，去除腥味。

❷ 水发百叶洗净，切丝。

❸ 锅洗净后，香油入锅，加热，用姜片爆香，加入料酒、盐和白砂糖，注入足量清水，大火煮沸。

❹ 放入百叶丝煮 2 分钟后捞出垫底，再放入猪腰花煮至开花定型，连汤一同盛入即可。

百合腰花汤

材料

猪腰 250 克，鲜百合 100 克，姜、葱各 10 克，红枣适量。

调料

盐适量，香油 1 大匙，料酒 2 大匙。

做法

❶ 姜去皮后洗净，切片；葱洗净后切末。

❷ 猪腰洗净后剖开，切除白筋，先切花刀再切成片，入沸水中略汆烫后捞出。

❸ 鲜百合剥开成片状，洗净，放入沸水中略汆烫后捞出，过凉。

❹ 锅中倒入清水，加入猪腰片、百合片、红枣、姜片、葱花及料酒，煮至材料软熟，再加入盐和香油调匀即可。

萝卜牛腩汤

材料

牛腩 1000 克，白萝卜 500 克，泡椒 15 克，姜 1 块，蒜 4 瓣，香菜段 10 克。

调料

郫县豆瓣 20 克，干辣椒段少许，花椒 15 粒，大料 1 个，草果 1 个。

做法

❶ 牛腩洗净，切块；白萝卜去皮洗净，切块；泡椒剁碎；蒜、姜切片；备好其他食材（图①）。

❷ 油锅烧至七成热，放入蒜片、姜片、泡椒碎、干辣椒段、郫县豆瓣、花椒爆出香味，放入牛腩块与大料、草果一起翻炒（图②~⑥）。

❸ 待肉块变色后加入热水，以没过肉为宜，盖上锅盖，大火烧开，调小火焖 1 小时（图⑦）。

❹ 放入白萝卜块煮半小时即可出锅，出锅后撒上香菜段即可（图⑧）。

西芹萝卜炖牛肉

材料

牛肋骨、白萝卜各 500 克，胡萝卜 200 克，西芹段 100 克，洋葱碎 20 克，姜末 30 克。

调料

大料 2 粒，豆瓣酱 3 大匙，白砂糖 2 大匙，盐少许。

做法

❶ 牛肋骨洗净切小块，入沸水汆烫至变色，捞出；白萝卜及胡萝卜去皮洗净，切小块。

❷ 油锅烧热，爆香洋葱碎及姜末，加入豆瓣酱炒香，加入牛肋骨块翻炒约 1 分钟，倒入汤锅，加 1000 毫升水，放入白萝卜块、胡萝卜块、西芹段和大料、盐、白砂糖，大火煮开后改小火煮约 90 分钟，至牛肋骨块熟软且汤汁略收干即可。

莲藕炖牛肉

材料

莲藕片 200 克，牛小里脊肉片 300 克，姜末、蒜末各适量。

调料

高汤、辣豆瓣酱、花椒、干辣椒、老抽、花椒粉、味精各适量。

做法

❶ 油锅烧热，放入辣豆瓣酱、花椒、干辣椒、姜末、蒜末爆香。

❷ 放入高汤、老抽煮 5 分钟，用滤网把汤内的调料滤出，放入莲藕片和牛小里脊肉片，煮至牛肉熟烂。

❸ 出锅前撒上花椒粉和味精即可食用。

红酒炖牛肉

材料

牛腩 150 克，洋葱、胡萝卜各 50 克。

调料

红酒 1 杯，盐半小匙。

做法

❶ 牛腩、洋葱和胡萝卜分别洗净，切块。

❷ 油锅烧热，放入牛腩块稍炒，再放入洋葱块、胡萝卜块翻炒均匀。

❸ 加入红酒和水，用小火煮至牛肉块软烂，加盐调味，拌匀即可。

鲜蔬炖牛肉

材料

牛肉片 160 克，洋葱、土豆、胡萝卜各 30 克，西红柿 20 克，姜 10 克。

调料

盐、米酒、白胡椒粉各少许。

做法

❶ 洋葱、土豆、胡萝卜去皮，切成大块；西红柿洗净，去蒂后切成大块；姜去皮，切成片。

❷ 锅中加水，放入做法❶的材料，用小火慢慢炖至所有材料熟软。

❸ 加入牛肉片和所有调料拌匀，煮至牛肉片熟即可。

利尿消肿 + 强筋壮骨

西红柿牛肉汤

材料

牛肉400克,西红柿2个,土豆1个,香芹3棵,洋葱半个,牛骨、圆白菜各适量。

调料

黑胡椒、盐各1小匙,香叶1片。

做法

❶ 西红柿和圆白菜洗净,切滚刀块;土豆去皮,切丁;香芹洗净后切段;洋葱去皮,切块;牛肉洗净,切成大块(图①)。

❷ 牛骨洗净后和牛肉块一同放入煮锅,加入足量冷水,大火烧开,继续加热至牛肉块全部变色,捞出牛肉块和牛骨。

❸ 锅中加水烧开,放入牛肉块、牛骨,加入香叶,调成小火加盖熬煮1小时(图②)。

❹ 捞出牛骨不用,加入西红柿块、洋葱块、土豆丁煮10分钟,加入圆白菜块、香芹段煮5分钟,调入黑胡椒和盐,拌匀装盘即可(图③、图④)。

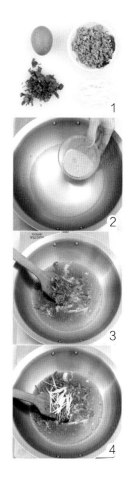

牛肉蛋花汤

补中益气+益精养血

做法

❶ 牛肉洗净，放入锅内加水煮熟，捞出撕成丝，切成小碎末，放入碗内，加老抽腌渍片刻；备好其他食材（图①）。

❷ 鸡蛋磕入碗内，打匀。

❸ 锅中加入肉汤，大火烧开，淋入蛋液（图②）。

❹ 烧开后加盐、香油，放入牛肉末，撒香菜末、葱丝即可（图③、图④）。

材料

牛肉 40 克，鸡蛋 1 个，香菜末、葱丝各适量。

调料

盐、肉汤、香油、老抽各适量。

牛肉中含有的维生素 B_6 可以促进蛋白质的新陈代谢，增强人体免疫力；维生素 B_{12} 可以促进细胞的生长和氨基酸的新陈代谢，进而能够补充身体所需的能量。

1

2

3

4

木耳海带牛肉汤

补中益气 + 利尿消肿

材料

熟牛肉块、海带、西红柿片、香菇、黑木耳、葱花、姜丝各适量。

调料

清汤、盐、味精、五香粉、香油各适量。

做法

❶ 海带用温水浸泡 6 小时，洗净，切片；香菇、黑木耳用温水泡发后洗净；备好其他食材（图①）。

❷ 油锅烧至七成热，放入葱花、姜丝煸香，加入西红柿片、海带片煸透（图②）。

❸ 下入牛肉块略炒（图③）。

❹ 加清汤煮沸，投入香菇、黑木耳，改小火煮 30 分钟，加盐、味精、五香粉调味，淋香油即可（图④）。

西红柿含有丰富的维生素；其含有的番茄红素是一种抗氧化剂，可以降低自由基对细胞的破坏，有美容的效果。

芡实莲子牛肉煲

材料

牛肚400克，芡实100克，莲子50克，葱5克。

调料

盐、味精各少许。

做法

❶ 葱洗净，切段。

❷ 牛肚洗净，切片，入沸水中氽烫一下，捞出沥干水分。

❸ 莲子浸泡后洗净；芡实洗净。

❹ 油锅烧热，下入葱段爆香，倒入适量水，下入牛肚片、芡实、莲子。

❺ 调入盐、味精，小火煲至牛肚片、芡实、莲子软熟即可。

牛肉豆腐煲

材料

牛肉120克，板豆腐块200克，洋葱末20克，姜末30克，蒜苗段40克。

调料

A. 蛋白、鸡精各1大匙，淀粉、酱油各1小匙；B.豆瓣酱、醪糟各2大匙，白砂糖1大匙，水淀粉2小匙，香油1小匙。

做法

❶ 牛肉切块，加入调料A抓匀，腌渍5分钟。

❷ 油锅烧热，放入牛肉块炒30秒至表面变白，捞出；余油炸至板豆腐块呈金黄色，捞出。

❸ 锅留底油，爆香洋葱末、姜末及豆瓣酱，加水、白砂糖、醪糟及板豆腐块煮至滚沸，加入牛肉块及蒜苗段，用水淀粉勾芡，淋上香油即可。

萝卜煲牛腱

材料

牛腱 600 克，青萝卜、胡萝卜各 300 克，红枣 110 克，南杏、北杏各 15 克，姜 2 片。

调料

盐适量。

做法

❶ 牛腱洗净，切大块；青萝卜、胡萝卜均洗净、去皮、切块；南杏、北杏及红枣均洗净。

❷ 锅中盛水，将水煮沸后放入牛腱块汆烫约 3 分钟，捞出，沥干。

❸ 锅中倒入适量水煮沸，加入牛腱块、青萝卜块、胡萝卜块、红枣、姜片及南杏、北杏，以中火煲 2 小时后加盐调味即可。

香菇牛肉汤

材料

牛肉 200 克，姜片、香菇、枸杞子各适量。

调料

A.生抽 1 小匙，白砂糖、水淀粉各半小匙；B.香油、胡椒粉各少许，白砂糖、盐各半小匙。

做法

❶ 牛肉切片，加调料 A 拌匀，入微波炉，以高火加热约 2 分钟。

❷ 将香菇、姜片及调料 B 放入碗中，加水入微波炉，以高火加热 5 分钟。

❸ 放入牛肉片、枸杞子，再以高火加热 10 分钟即可。

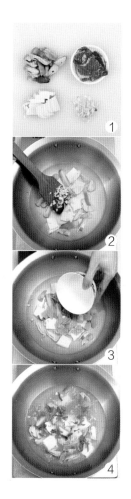

补中益气+健脾开胃

口蘑牛肉汤

做法

❶ 白芸豆浸透，入沸水锅中煮熟，捞出沥水；口蘑洗净，切成片；备好其他食材（图①）。

❷ 牛肉片倒入锅中，加入清水混匀，放入口蘑片、白芸豆，调入盐、胡椒粉，煮至材料软烂（图②、图③）。

❸ 放入葱花、蒜瓣，再煮2分钟即可（图④）。

材料

牛肉片100克，口蘑150克，白芸豆80克，葱花、蒜各适量。

调料

盐、胡椒粉各适量。

白芸豆是一种高钾低钠的食材，较适合动脉硬化、高血脂患者食用。

1

2

3

4

益气补血 + 生津止渴

牛肉苹果汤

材料

新鲜牛肉 600 克，苹果 2 个，陈皮 1 块，百合 100 克。

调料

盐适量。

做法

❶ 百合和陈皮分别用水洗净；苹果洗净，去核，连皮切大块；牛肉洗净，切小块（图①）。

❷ 将牛肉块放入沸水中汆烫，捞出沥干。

❸ 砂锅加水，小火煲至水开，放入苹果块、牛肉块、百合、陈皮炖煮（图②、图③）。

❹ 水开后改用中火继续煲 3 小时左右，加盐调味即可（图④）。

百合有润肺止咳、清心安神的作用；陈皮可理气健脾、燥湿化痰；苹果有生津止渴、润肺解暑的功效，熟食可补脾止泻。

酸汤牛腩

补中益气 + 健脾生津

材料

牛腩块 500 克，葱 2 段，姜 4 片，西红柿 6 个。

调料

A. 番茄酱 2 大匙，盐 1 大匙；B. 蚝油、料酒、生抽、白砂糖各 1 大匙，老抽、陈醋各半大匙，大料 2 粒，桂皮 1 片。

做法

❶ 西红柿洗净去皮，压碎；牛腩块氽烫后捞出。

❷ 高压锅中加沸水，放入牛腩块、葱段、姜片和调料 B，煮 30 分钟左右。

❸ 油锅烧热，放入西红柿碎，炒至起沙，加番茄酱，倒入牛腩块和汤汁，加盐，煮沸后倒进砂锅，用小火焖 40 分钟即可。

阿胶炖牛腩

益气养血 + 滋阴润燥

材料

牛腩 300 克，新鲜香菇 100 克，黑豆 30 克，姜片 8 克，阿胶 10 克，红枣 4 颗。

调料

盐、白砂糖各 1 小匙，醪糟 50 毫升，高汤 800 毫升，川芎 10 片，桂皮、麦冬各 5 克。

做法

❶ 将牛腩洗净，切块，放入沸水中氽烫以去除血水，捞出；香菇去蒂后洗净，切厚片；黑豆用热水泡软，洗净。

❷ 炖盅中倒入高汤、醪糟，再加入所有材料及川芎、桂皮、麦冬，放入蒸锅中。

❸ 大火煮沸后再转小火炖煮 1 小时，熄火前加盐、白砂糖调味即可。

红酒牛腩汤

材料

牛腩 500 克，西红柿 200 克，胡萝卜 1 根，洋葱 1 个，姜片适量。

调料

红酒 50 毫升，盐适量。

做法

❶ 西红柿洗净，切块；胡萝卜去皮，切滚刀块；洋葱去皮，切菱形块。

❷ 将牛腩洗净，切块，下入沸水中汆烫一下，撇净血沫，捞出沥干。

❸ 将牛腩块、姜片放入煲盅内，倒入适量清水，煮沸后倒入红酒，煲 2 小时。

❹ 放入胡萝卜块、洋葱块、西红柿块，再煲 1 个小时，喝汤时加盐即可。

泡姜炖牛腩

材料

牛腩 500 克，泡姜 1 块，蒜 3 瓣，姜片、香菜、葱段各少许。

调料

盐、糖、料酒、老抽、大料各适量。

做法

❶ 牛腩切厚片，放入锅中，倒适量冷水，放姜片，煮沸后捞出，用水冲净；蒜拍碎。

❷ 油锅烧热，下蒜碎、葱段、大料、泡姜炒出香味，放入牛腩片，加糖、料酒、老抽翻炒至牛腩上色。

❸ 锅中倒入适量水没过牛腩片，大火烧开后转小火炖 1 小时，拣出姜片、大料，加盐调味，撒上香菜即可。

黄金牛腩汤

补中益气 + 强筋壮骨

做法

❶ 南瓜洗净，切成小块；牛腩洗净，切薄片；备好其他食材（图①）。

❷ 油锅烧热，下葱段、姜片、大料炒出香味，放入牛腩片翻炒，快熟时烹入料酒（图②）。

❸ 加适量清水，煮沸，撇去浮沫，改小火将牛腩炖熟。

❹ 拣去葱段、姜片、大料，放入南瓜块，用盐调味，继续炖至牛腩、南瓜熟烂即可（图③、图④）。

材料

南瓜300克，牛腩20克，葱段、姜片各适量。

调料

大料、盐、料酒各适量。

南瓜是一种高钙、高钾、低钠的食材，因此比较适合中老年人和高血压患者食用；其含有的多糖物质可以增强人体免疫力。

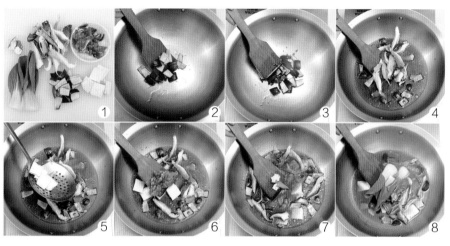

1 2 3 4
5 6 7 8

豆腐牛肉汤

材料
豆腐 150 克，牛肉 50 克，平菇、洋葱、陈皮、油菜各 20 克，姜末适量。

调料
盐、白砂糖、老抽、料酒各适量。

做法
❶ 洋葱去皮洗净，切块；平菇洗净，撕散；牛肉洗净，切块；备好其他食材（图①）。

❷ 豆腐切块，入沸水锅中汆烫透，去豆腥味，捞出沥水。

❸ 油锅烧热，放入姜末、洋葱块稍炒，加老抽、料酒、盐、白砂糖煮开（图②、图③）。

❹ 放入平菇、豆腐块、牛肉块，加水煮至入味，最后放入油菜煮开即可（图④~图⑧）。

平菇有祛风散寒、舒筋活络的功效。

萝卜牛肉煲

材料

牛肚 200 克，白萝卜 100 克，胡萝卜、芹菜各 50 克。

调料

盐、味精、鸡精、高汤各适量。

做法

❶ 白萝卜、胡萝卜、芹菜均处理干净，切小块；备好其他食材（图①）。

❷ 牛肚洗净，放入沸水中煮熟。

❸ 锅置火上，倒入高汤，加盐、味精、鸡精，放入牛肚、白萝卜块、胡萝卜块、芹菜块煲 3 分钟即可（图②～图④）。

芹菜中含有丰富的挥发性芳香油，这类物质可以增进食欲，促进血液循环；其叶茎含有的芹菜苷和挥发油等物质可以降低血压。胡萝卜中含有的丰富维生素可以促进皮肤的新陈代谢，增加血液循环，有美容健肤的功效。牛肚有补气养血、补益脾胃的功效。

麻辣牛肚锅

材料

牛肚 250 克，圆白菜块 80 克，茭白块、金针菇、杏鲍菇块、冻豆腐块各 50 克，葱段、蒜末、姜片各适量。

调料

辣椒粉、花椒粉、辣椒油各 1 大匙，辣豆瓣酱、辣椒酱、海鲜酱、白砂糖、高汤各适量。

做法

❶ 将所有材料洗净。

❷ 油锅烧热，用葱段、姜片爆香，加水，放入牛肚，烧开后转小火烧 30 分钟，捞出，切条。

❸ 净锅，油锅烧热，爆香蒜末和辣椒酱，加水，放入剩余调料，烧开后放入牛肚条，小火煮 30 分钟，放入剩余材料，再煮 10 分钟即可。

参须杞子炖牛腩

材料

牛腩 600 克，参须、枸杞子、红枣各 40 克，陈皮 1 片，姜适量。

调料

盐适量。

做法

❶ 牛腩洗净，切块；参须与枸杞子泡水；陈皮及红枣洗净。

❷ 锅中盛水，将水煮沸后加入牛腩块煮 15 分钟，捞出，洗净。

❸ 煮一锅滚沸的水，加入所有材料及调料，移入锅中炖 1 ~ 1.5 小时即可。

1

2

3

4

银耳龙眼牛肉煲

补中益气＋滋阴养虚

材料

牛腱 600 克，银耳、龙眼各适量，姜片、葱段各 30 克。

调料

料酒 50 毫升，盐 1 小匙。

做法

❶ 牛腱洗净，切块；龙眼去核；银耳充分泡软后捞出，择净、沥干水分；备好其他食材（图①）。

❷ 将牛腱块放入沸水锅中，加料酒汆烫 3 分钟至变色后捞出，沥干水分（图②）。

❸ 油锅烧热，炒香姜片、葱段，再放入银耳、龙眼肉和牛腱块略炒（图③）。

❹ 加入适量清水，大火烧开，盖上锅盖，转小火炖煮约 1 小时至牛腱块熟透，加盐调味即可（图④）。

牛尾山药汤

材料

牛尾、山药各 300 克，姜 4 片，枸杞子适量，香菜叶少许。

调料

料酒、盐、白胡椒粉各适量。

做法

❶ 牛尾沿骨节分割成段，用冷水浸泡去除血水，然后放入有姜片、部分料酒的沸水中汆烫，捞出冲净。

❷ 山药去皮，洗净，切块，与汆烫好的牛尾段、姜片一同入锅，加适量热水、料酒，用大火煮沸，撇去浮沫。加入枸杞子，转小火煲 3 个小时。

❸ 待汤变浅白、牛尾段软烂时，加适量盐、白胡椒粉调味，点缀香菜叶即可。

清炖牛尾汤

材料

牛尾 250 克，田七、枸杞子各 20 克，姜适量。

调料

盐、味精各适量。

做法

❶ 田七洗净；枸杞子用温水泡软；姜洗净，切片。

❷ 牛尾切成小段，洗净后用清水浸泡，在冷水中加热，汆烫去除腥味。

❸ 锅中加水，放入牛尾、田七、枸杞子、姜片，用大火煮沸后撇去浮沫，改用小火温煮 3 个小时左右，直至牛尾熟烂。

❹ 放入盐、味精调味即可。

山药羊肉煲

材料

羊肉 500 克，山药 150 克，姜片、葱段各 10 克，葱花少许。

调料

羊肉汤 750 毫升，料酒 4 小匙，盐半小匙，胡椒少许。

做法

❶ 山药用温水浸透后切成片；备好其他食材（图①）。

❷ 羊肉剔去筋膜、洗净，略划几刀，切片，放入沸水中汆烫去血水（图②、图③）。

❸ 羊肉片放入锅中，加羊肉汤，放入山药片、姜片、葱段、胡椒、盐、料酒，大火煮沸，撇去浮沫（图④~图⑥）。

❹ 转小火炖至羊肉片熟烂，原汤中葱段、姜片拣去不用，撒葱花即可（图⑦）。

山药有补脾益肾的功效。羊肉在冬季食用，可温中补肾。

银丝羊排清汤

材料

羊排 300 克，粉丝 100 克，香菜、蒜苗、葱、姜各适量。

调料

桂皮、盐、鸡精、料酒、草果、花椒各适量。

做法

❶ 羊排洗净，入沸水中汆烫；粉丝泡发；香菜、蒜苗分别洗净，切碎；葱洗净，切葱花；姜洗净，切片，备用。

❷ 取一炖锅，加足量水，加入羊排，放入葱花、姜片拌匀，放入料酒、草果、花椒、桂皮煮出香味，大火煮沸后，改成小火炖 150 分钟。

❸ 锅中加入粉丝，放入盐、鸡精，沸腾后起锅，食用时放入香菜碎、蒜苗碎即可。

羊肉蔬菜炖

材料

带骨羊腩 400 克，土豆块、胡萝卜块、西红柿块、洋葱丝各 50 克，红辣椒段、枸杞子、葱段、姜片、蒜瓣各适量。

调料

花椒、大料、肉桂、香叶、香油、迷迭香各适量。

做法

❶ 羊腩切大块，羊骨剁成小块，反复清洗。

❷ 羊肉块、羊骨块分别入冷水锅中煮，待彻底去除血沫后，下入葱段、姜片、蒜瓣，放入花椒、大料、肉桂、红辣椒段、香叶、迷迭香炖煮。

❸ 待肉熟烂，放枸杞子，入西红柿块、洋葱丝炖煮片刻。最后入土豆块、胡萝卜块，待土豆熟软后关火，出锅前滴上香油即可。

龙眼羊肉汤

材料

羊肉 200 克，黄芪 15 克，龙眼肉、红枣、枸杞子各 10 克，姜片、蒜各适量。

调料

盐、花椒各适量。

做法

❶ 羊肉洗净，放入沸水锅内氽烫去血水，捞出沥干，切块。

❷ 羊肉块放进加了花椒煮过的热水中浸泡 30 分钟，捞出沥干，备用。

❸ 将羊肉块放进汤锅内，倒入适量清水，下入黄芪、龙眼肉、红枣、枸杞子、花椒、蒜、姜片，盖上盖子，用大火煮沸后转为小火，煮 40 分钟，加盐调味即可。

枸杞山药炖羊排

材料

羊排 250 克，山药 150 克，枸杞子、葱花各适量。

调料

盐、鸡精、胡椒粉各适量。

做法

❶ 羊排洗净，剁成小块；山药去皮洗净，切块；枸杞子洗净。

❷ 羊排块放入沸水中氽烫一下，捞出沥干。

❸ 羊排块放入锅中，加适量水，中火烧开，撇去浮沫，加入山药块、枸杞子，小火煨炖至羊排块熟透、汤稠味浓。

❹ 加入盐、鸡精、胡椒粉调味，最后撒上葱花即可。

1　2　3　4

5　6　7　8

草菇炖羊肉

材料

羊肉、草菇、罗汉笋、姜、香菜末各适量。

调料

盐、味精、胡椒粉、香油各适量。

做法

❶ 羊肉去筋、膜，洗净，切成滚刀块；姜洗净，切块；草菇去蒂，洗净；罗汉笋洗净，切片；备好其他食材（图①）。

❷ 羊肉块放入沸水中氽烫去血水（图②）。

❸ 炖盅中加适量清水，放入羊肉块、姜块、草菇、罗汉笋片，大火烧开（图③～图⑦）。

❹ 转小火炖 50 分钟至羊肉软烂，用盐、味精和胡椒粉调味，淋入香油，撒上香菜末即可（图⑧）。

草菇性寒，味甘、微咸，有补脾益气、消食的功效，和羊肉同食有补气、开胃的作用。

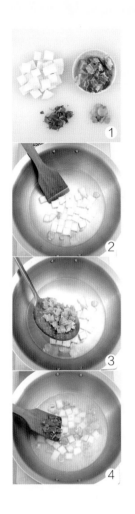

益气暖身+化痰消食

萝卜羊肉汤

材料

羊肉300克，白萝卜200克，姜片、香菜各适量。

调料

盐、胡椒粉、醋各适量。

做法

❶ 羊肉洗净，切成小块；白萝卜洗净，切成小块；香菜洗净，切成段；备好其他食材（图①）。

❷ 羊肉块放入沸水中氽烫，捞出沥干。

❸ 将炖锅中加适量水，放入姜片、白萝卜块、盐，大火烧开，放入羊肉块，改小火煮至羊肉块熟烂，加入香菜段、胡椒粉、醋搅匀即可（图②～图④）。

白萝卜有下气宽中、清热生津的功效；羊肉有补气滋阴、暖中补虚、暖肾益血的功效，此道菜可开胃健脾。

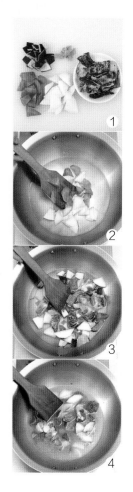

萝卜羊骨汤

益气暖身＋消食明目

做法

❶ 羊排剁成块；胡萝卜、白萝卜分别洗净，切块；洋葱切块；备好其他食材（图①）。

❷ 羊排块放入锅中，加适量清水，大火烧沸，撇去浮沫，加姜末、料酒，转小火煮30分钟捞出。

❸ 锅中加水，放入胡萝卜块、白萝卜块和洋葱块、羊排块再煮90分钟，出锅前加盐调味即可（图②～图④）。

材料

羊排300克，白萝卜、胡萝卜各80克，洋葱50克，姜末适量。

调料

盐、料酒各适量。

洋葱性温，味辛、甘，归肺经，有健脾和胃、润肠、解毒杀虫的功效，与白萝卜、羊排同食，有滋补的功效。

凉血解毒＋补脾益气

兔肉红枣汤

材料

兔肉 300 克，红枣 100
克，鸡蛋 2 个（取蛋清），
姜片适量。

调料

盐、料酒各适量。

做法

❶ 红枣洗净，用温水泡约 30 分钟，洗净沥干（图①）。

❷ 兔肉洗净，顺着纹路切成 2.5 厘米见方的块，用蛋清、部
分盐和料酒拌匀，腌渍约 30 分钟，洗净沥干（图②）。

❸ 砂锅内放入泡红枣的水、红枣、兔肉块、料酒、姜片，大
火烧开（图③）。

❹ 撇去浮沫，加植物油，改小火炖至兔肉酥烂，用盐调味即
可（图④）。

> 兔肉有补中益气、凉血解毒的功效；红枣有补脾和胃、益气生津、
> 养血止血的功效。

第二章

禽蛋汤煲

美味滋补

禽蛋，无论从食物的口感上，还是从其所含的营养来看，似乎都满足了人类挑剔的眼光。一碗禽蛋汤，遇见更好的你。

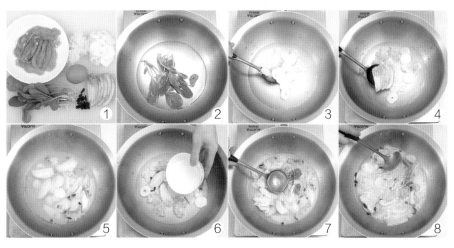

雪梨银耳鸡肉汤

材料

鸡胸肉、雪梨、银耳、荸荠片、枸杞子、油菜、鸡蛋（取蛋清）各适量。

调料

盐、味精、白砂糖、白胡椒粉、料酒、淀粉、水淀粉各适量。

做法

❶ 鸡胸肉洗净，片成薄片，加少许蛋清、淀粉、盐、白胡椒粉上浆；雪梨除核，切片，放淡盐水中浸泡；备好其他食材（图①）。

❷ 油菜、银耳分别汆烫，捞出。锅内加水和少许料酒烧开，下鸡片汆至八分熟，捞出（图②、图③）。

❸ 锅中加水烧开，放入银耳、荸荠片，加盐、味精、白胡椒粉、白砂糖、枸杞子，撇去浮沫，放入雪梨（图④、图⑤）。

❹ 锅中加水淀粉勾芡，放入鸡肉片、油菜，倒入余下的鸡蛋清，拌匀煮熟即可（图⑥~图⑧）。

山药土鸡汤

固肾益精＋补脾养胃

材料

土鸡1只，猪蹄500克，
山药100克，姜5克。

调料

盐1小匙。

做法

❶ 土鸡和猪蹄洗净，剁成块；姜去皮，切片；山药去皮，切滚刀块（图①）。

❷ 油锅烧热，下入鸡块、猪蹄块、姜片翻炒3分钟左右，稍有香味出来且肉质收紧时，倒入电饭煲中，加入热水，以没过材料2厘米为佳，炖煮2小时（图②、图③）。

❸ 山药块加入锅中，盖上盖子再煮10分钟，调入盐即可（图④）。

土鸡中含有丰富的蛋白质，蛋白质可以促进人体的生长发育。
猪蹄中含有的胶原蛋白，有通乳的作用。山药有助消化、敛虚汗、
止泻的功效。

绿豆鸡汤

材料

土鸡 1 只，绿豆 200 克，姜片适量。

调料

盐适量。

做法

❶ 将土鸡宰杀好，洗净，在沸水中汆烫后捞出，沥干。

❷ 绿豆去杂质，用清水充分浸泡后捞出，沥干。

❸ 将土鸡、绿豆一同入锅，放入姜片，注入足量清水，置于火上，大火煮沸后用小火温煮 1 个小时左右，直至肉熟豆烂。

❹ 离火前放入盐调味即可。

榛蘑炖三黄鸡

材料

三黄鸡 1 只，干榛蘑 100 克，葱段、姜片各适量。

调料

盐、老抽、花椒、大料各适量。

做法

❶ 干榛蘑用温水泡 1 小时，洗净，捞出，沥干；三黄鸡处理干净，洗净，剁块。

❷ 鸡块入沸水中汆烫一下，捞出，沥干。

❸ 油锅烧热，放入鸡块和葱段、姜片炒香，放老抽翻炒一会儿，放入花椒、大料略翻炒，加适量清水，大火烧开，小火炖 1.5 小时后放榛蘑，再炖 25 分钟，放盐收汤即可。

土豆炖鸡

材料

土鸡1只，土豆300克，葱白2段，姜3片。

调料

大料2粒，花椒8粒，红糖、老抽各1小匙，盐适量。

做法

❶ 土鸡去毛、内脏，用清水洗净，切块；土豆洗净，去皮后切块。

❷ 油锅烧热，放入花椒、大料、姜片、爆香后放入鸡块，翻炒均匀，再加入盐、老抽、红糖，炒至鸡块颜色变成金黄色。

❸ 放入葱白段，加适量水，先用大火煮开，再用小火炖1小时左右，鸡肉即将熟烂时加入土豆块稍煮即可。

砂锅土鸡煲

材料

土鸡腿450克，姜5片，蒜5瓣，红辣椒、香菜各适量。

调料

老抽、料酒各适量，白砂糖1小匙，香油少许。

做法

❶ 鸡腿洗净，切块，入油锅炸至五成熟，捞出沥干；蒜、红辣椒切片。

❷ 油锅烧热，爆香姜片、蒜片，放入红辣椒片、鸡腿块煸炒，加入料酒、老抽、白砂糖及1大碗水，一同煮约15分钟，至鸡肉入味。

❸ 砂锅加热后倒入鸡块和汤汁，撒上香菜，滴入香油即可。

笋丝炖柴鸡

清热化痰 + 健脾益气

做法

❶ 柴鸡洗净，剁块；姜切片；备好其他食材（图①）。

❷ 干竹笋丝用温水浸泡 1 天，捞出，挤干水分，入沸水中汆烫熟后捞出。

❸ 柴鸡块放入冷水中煮开，去除血沫后捞出，沥干（图②）。

❹ 砂锅中放入鸡块、竹笋丝、姜片，加入足量的水，大火烧开，撇去浮沫。转小火煲 1.5 小时，用盐调味即可（图③、图④）。

饭前嚼些姜片，可以促进唾液和消化液的分泌，增加胃肠蠕动，有开胃的功效。竹笋是一种低糖、低脂的食材，其含有丰富的膳食纤维，竹笋还有清热化痰、消渴益气的功效。

材料

柴鸡 1 只，干竹笋丝 50 克，姜 1 块。

调料

盐 1 小匙。

养血益肾 + 补益中气

乌鸡肉片南瓜汤

材料

乌鸡 500 克，猪瘦肉 150 克，芦笋 80 克，南瓜 100 克，葱花、姜片各适量。

调料

料酒、盐、鸡精、花椒、月桂叶各适量。

做法

❶ 芦笋洗净，切段；南瓜去皮，去瓤，洗净，切块；其余材料均备齐。

❷ 乌鸡处理干净，斩大块，入沸水中氽烫，捞出，沥干；猪瘦肉洗净，切片。

❸ 油锅烧热，放入葱花、姜片炒出香味，再放入猪瘦肉片、南瓜块翻炒数下，烹入料酒，加水煮沸，最后入乌鸡块、芦笋段、剩余的调料炖熟，出锅前，拣出月桂叶即可。

健脾止泻 + 滋阴养血

乌鸡汤

材料

乌鸡 1 只，饴糖、生地黄各 120 克。

调料

盐适量。

做法

❶ 将乌鸡宰杀后，去毛及肠杂，洗净，切成块。

❷ 生地黄切片，拌入饴糖；将所有材料放入瓦钵内，加盐拌匀。

❸ 放入锅中隔水炖烂即可。

莲子炖乌鸡

材料

乌鸡 1 只，莲子、白果各 20 克，红枣、葱段、姜片各适量。

调料

盐、胡椒粉各适量。

做法

❶ 乌鸡去毛、内脏，洗净。

❷ 莲子用水泡涨，沥干；红枣洗净。

❸ 白果洗净，研为粗末，放入鸡腹内。

❹ 锅中加水，放入乌鸡、莲子、红枣，加盐、胡椒粉，放葱段、姜片，大火煮沸后改小火，炖至烂熟即可。

南枣煲乌鸡

材料

乌鸡 1 只，制首乌片少许，南枣适量，姜 2 片。

调料

盐适量。

做法

❶ 制首乌片、南枣洗净。

❷ 乌鸡洗净，切块，放入沸水中汆烫约 5 分钟，捞出，洗净，沥干。

❸ 锅中加水，放入乌鸡块、制首乌片、南枣和姜片，大火烧开。

❹ 转中火煲 2 小时，加入盐调味即可。

补中益气 + 生津润肠

奶香鸡汤

材料
鸡肉600克，红枣5颗，
姜适量。

调料
鲜奶、高汤各1000毫升，
盐适量。

做法

❶ 鸡肉洗净，切块，入沸水中汆烫一下；姜切片；备好其他食材（图①、图②）。

❷ 汤锅内倒入高汤、鲜奶，放入鸡块、红枣及姜片，大火煮开（图③、图④）。

❸ 加锅盖，改小火煮2小时，起锅前加入盐调味即可。

红枣中含有丰富的维生素C，红枣有补脾和胃、益气生津、养血止血的功效。牛奶中含有丰富的钙，此汤有益气补血、补钙的作用。

龙眼山药炖乌鸡

材料

乌鸡1只,龙眼100克,山药块200克,枸杞子、姜各适量。

调料

盐、味精各少许。

做法

❶ 乌鸡宰洗干净;龙眼、山药块洗净,浸泡至透;姜切丝。

❷ 锅内加清水烧开,放入乌鸡、部分姜丝汆烫片刻,捞出。

❸ 将乌鸡、龙眼、山药块、姜丝、枸杞子放入炖盅内,加入清水炖2小时,加入盐、味精调味即可。

八珍炖乌鸡

材料

乌鸡块200克,猪瘦肉片150克,沙参、枸杞子、淮山药、玉竹各10克,红枣、莲子各10颗,龙眼肉20克,党参5克,姜3片。

调料

料酒50毫升,盐少许。

做法

❶ 锅中加水烧开,放入乌鸡块、猪瘦肉片、姜片,汆烫约3分钟,捞出乌鸡块、猪瘦肉片,洗净。

❷ 将汆烫好的乌鸡块、猪瘦肉片放入砂锅中,倒入料酒和适量清水,再放入剩余材料,大火煮沸后转小火炖2小时,最后加盐调味即可。

无油绿豆鸡汤

材料

三黄鸡 1 只，绿豆适量，葱、姜各少许。

调料

盐、料酒各适量。

做法

❶ 绿豆洗净，用清水浸泡 1 ~ 2 小时；三黄鸡宰杀，洗净，入沸水中氽烫一下，去除血水，捞出，沥干；姜洗净，切片；葱洗净，切段。

❷ 浸泡好的绿豆先放到电饭煲内，加半锅清水，煮沸后再续煮 5 分钟。

❸ 放入整鸡，加入料酒、葱段、姜片，续煮至绿豆开花、鸡肉熟烂，加盐调味即可。

鲜鲍炖鸡汤

材料

柴鸡 1 只，小鲍鱼 4 只，薏米 10 克，老椰子肉 300 克。

调料

盐 2 小匙。

做法

❶ 薏米洗净，加水浸泡 4 小时；老椰子肉切成大块；小鲍鱼去壳和内脏，清洗干净。

❷ 柴鸡宰杀后清洗干净，放入沸水中氽烫去除血沫后捞出，去掉鸡皮、鸡骨、鸡油后剁成大块。

❸ 将所有材料放入炖盅，加入适量水，加盐调味，然后盖上盖子，移入蒸锅，大火隔水炖 2 小时即可。

人参附子鸡汤

材料

母鸡 1 只，人参 50 克，附子 10 克，姜、葱段各适量。

调料

高汤、盐、味精、料酒各适量。

做法

❶ 人参、附子洗净；姜洗净后切片。

❷ 将母鸡宰杀后清理干净，漂洗，抹上部分盐和料酒腌渍 30 分钟，在冷水中加热汆烫。

❸ 将人参、附子同母鸡一同入锅，放姜片和葱段，注入足量高汤，用大火煮沸后撇去浮沫，合盖，改用小火温煮 2 个小时，直至鸡肉熟烂。

❹ 离火前放入盐、味精调味即可。

猴头菇地黄老鸡汤

材料

三黄鸡 350 克，猴头菇 4 个，枸杞子、地黄各 10 克，红枣 2 颗，姜片适量。

调料

盐适量。

做法

❶ 猴头菇用温水浸泡 30 分钟，变软后切块。

❷ 三黄鸡洗净，切块。

❸ 将三黄鸡块、猴头菇、枸杞子、红枣、地黄、姜片一同放入煲盅内，倒入适量清水，用大火煮沸后转为小火，煲 3 个小时。

❹ 离火前加入盐调味即可。

小鸡炖蘑菇

材料

嫩公鸡 1 只，榛蘑 100 克，葱段、姜片、红辣椒段各适量。

调料

大料、老抽、料酒、盐、鸡精、冰糖各适量。

做法

❶ 公鸡去毛、内脏，洗净沥干，剁成块；榛蘑去除杂质和根部，用温水泡 30 分钟，沥干。

❷ 油锅烧至六成热，放入鸡块翻炒至鸡肉变色，水分收干时，放入葱段、姜片、大料、红辣椒段，炒出香味。

❸ 加榛蘑、老抽、冰糖、料酒炒匀，加水（没过鸡肉为宜）烧开，改用小火炖至鸡肉酥烂，汤汁收浓，最后用盐、鸡精调味即可。

豆苗鸡汤

材料

豌豆苗 500 克，鸡胸肉 250 克，火腿末 30 克，鸡蛋 3 个。

调料

清汤、盐、料酒、淀粉、胡椒粉、香油各适量。

做法

❶ 豌豆苗择好，洗净，切段；鸡蛋打匀。

❷ 将鸡胸肉洗净后在沸水中氽烫，捞出切丝，加料酒、盐、淀粉拌匀上浆。

❸ 锅中注入足量清汤，放入鸡丝，大火煮沸后放入豌豆苗段，将鸡蛋液搅入汤汁中。

❹ 待蛋花散开，撒上火腿末、胡椒粉，淋入香油即可。

海参鸡肉汤

材料

海参（水发）1个，鸡胸肉250克，红枣30克，黑木耳15克，香菇、姜片各适量。

调料

高汤、料酒、盐、鸡精各适量。

做法

❶ 海参用温水发透，洗净，切丝；黑木耳用温水泡发，撕成块状。

❷ 鸡胸肉洗净，切成条状；香菇去蒂、洗净，切成片状。

❸ 煲盅内倒入足量高汤，放入海参丝、黑木耳块、香菇片、红枣、姜片，用大火煮沸。

❹ 加入鸡胸肉条，煮熟后用盐、鸡精、料酒调味即可。

山药鸡汤

材料

鸡胸肉300克，鲜栗子250克，山药200克，姜片、葱段各适量。

调料

盐、料酒、味精、香油各适量。

做法

❶ 将山药去皮，在清水中洗净，切成小块；栗子去外壳后在沸水中氽烫，搓去薄膜。

❷ 鸡胸肉洗净，在沸水中氽烫，切块，加盐、料酒腌渍30分钟。

❸ 将山药块、鸡肉块、栗子、姜片和葱段一同入锅，加植物油、盐、味精，加水煮沸，合盖，隔水炖熟。

❹ 出锅前，滴几滴料酒，淋入香油即可。

1　2　3　4

5　6　7

龙眼土鸡煲

材料

土鸡、猪瘦肉、党参、龙眼肉、香菇块、枸杞子、玉竹、红枣、大豆、姜各适量。

调料

盐适量。

做法

❶ 土鸡洗净，剁块；猪瘦肉洗净，切丁；红枣、大豆、玉竹、香菇块、枸杞子、党参洗净，用温水浸泡；姜洗净，拍松；备好其他食材（图①）。

❷ 锅内倒入适量清水，煮沸，放土鸡块和猪肉丁汆烫至变色，捞出（图②）。

❸ 砂锅中加冷水，放入红枣、玉竹、香菇块、龙眼肉、枸杞子、党参、大豆、姜，大火煮沸（图③~图⑤）。

❹ 放入鸡块、猪肉丁，用中小火煲 2 小时，调入盐即可（图⑥、图⑦）。

天麻炖鸡汤

材料

鸡1只,天麻、玉竹、沙参各10克,枸杞子5克,姜片、葱花各适量。

调料

盐适量。

做法

❶ 鸡去除毛和内脏后洗净;其余材料均洗净。

❷ 锅置火上,倒入适量水煮沸,将整鸡放入锅中,氽烫去血污,捞出,用水冲净。

❸ 将天麻、鸡、枸杞子、玉竹、沙参、姜片、葱花放入炖盅内,加适量水,大火煮沸,转中小火炖2小时至鸡肉软熟,再放入盐调味即可。

茶树菇煲鸡汤

材料

干茶树菇150克,嫩鸡半只,猪脊骨1小块,姜、蜜枣各适量。

调料

盐、鸡精各1小匙。

做法

❶ 鸡洗净,切大块;姜洗净,切片。

❷ 茶树菇浸泡30分钟,剪去根部。

❸ 锅内倒入清水,放入鸡块、猪脊骨,煮至肉色变白,捞出,冲洗干净。

❹ 将茶树菇、鸡块、猪脊骨、蜜枣、姜片放入砂锅内,倒入清水,大火烧开后转中火煲20分钟,再转小火煲1小时,调入盐、鸡精即可。

土豆西红柿鸡腿煲

和中调胃 + 益气固精

做法

❶ 鸡腿洗净，剁成块；土豆去皮，洗净，切块；豌豆荚择去老筋后洗净；备好其他食材（图①）。

❷ 将豌豆荚放入沸水锅中汆烫至熟透，沥干水分，捞出（图②）。

❸ 油锅烧至五成热，放入鸡腿块，煎至两面金黄（图③）。

❹ 放入除豌豆荚外的剩余材料炒匀，放入所有调料，盖上锅盖，用小火炖煮半个小时至熟透入味。

❺ 放入豌豆荚略煮，搅拌均匀即可（图④）。

材料

鸡腿 500 克，土豆、西红柿块各 150 克，芹菜块、胡萝卜、豌豆荚各适量。

调料

盐 1 小匙，迷迭香适量，鸡高汤 2000 毫升。

蔬菜鸡肉汤

温中补脾 + 清热凉血

材料

鸡 1 只，莲藕、土豆、青椒各适量，姜片、蒜末、香菜叶各少许。

调料

花椒、陈皮、山楂、大料、香叶、红烧酱油、盐、冰糖、料酒各适量。

做法

❶ 鸡洗净，切块；莲藕、土豆分别洗净，去皮，切片，泡在水里；青椒洗净，切块（图①）。

❷ 油锅烧热，先入花椒煸香后拣出，放入姜片、蒜末爆香，放入鸡块，煸炒至鸡皮表面微黄（图②）。

❸ 入料酒、红烧酱油、冰糖，加水没过鸡块，煮沸，放入陈皮、山楂、大料、香叶，转小火炖 30 分钟（图③）。

❹ 鸡肉软烂后入莲藕片、土豆片，调入盐，煮 10 分钟至蔬菜软烂。

❺ 入青椒块，改大火收汁，用香菜叶作装饰即可（图④）。

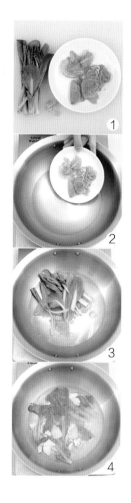

清热解毒 + 补中益气

菜心鸡肉汤

做法

❶ 嫩菜心洗净；虾仁洗净；鸡肉洗净，切成片；备好其他食材（图①）。

❷ 瓦煲中加入清水煮开，放姜片、鸡肉片和虾仁（图②）。

❸ 煮至鸡肉熟烂，加菜心稍煮，用盐调味即可（图③、图④）。

材料

嫩菜心250克，新鲜虾仁、新鲜鸡肉各100克，姜1片。

调料

盐适量。

菜心有清热解毒的功效。鸡肉对健脾益气、养五脏、补精髓有好处。

龙井鸡汤

材料

龙井 10 克，鸡胸肉 200 克，鸡蛋 1 个。

调料

高汤、盐、味精、淀粉、香油各适量。

做法

❶ 鸡胸肉洗净，在沸水中氽烫过后切成肉丝，加盐、淀粉拌匀上浆。

❷ 锅中注入足量高汤，大火煮沸，放入鸡丝，稍煮片刻，撇去浮沫，再放入龙井。

❸ 取鸡蛋清搅入汤汁，待开出蛋花，加盐、味精，淋入香油即可。

山药鸡腿莲子汤

材料

山药 100 克，鸡腿 1 个，莲子 5 颗，豌豆苗 80 克。

调料

高汤 300 毫升，盐、胡椒粉各少许。

做法

❶ 山药去皮，洗净，切成条状；鸡腿切块，入沸水中氽烫，捞出。

❷ 油锅烧热，加入高汤煮沸，放入鸡腿块、莲子和山药条，以小火炖煮约 80 分钟。

❸ 放入豌豆苗稍焖，加盐及胡椒粉调味即可。

油菜鸡汤

补气养血 + 清热养阴

材料

鸡腿 300 克，油菜 150 克，姜片 20 克，沙参 30 克。

调料

白砂糖、鸡精各 1 小匙，盐适量，鸡高汤 2000 毫升。

做法

❶ 油菜洗净；沙参泡发，洗净。

❷ 鸡腿洗净，剁块，入沸水中汆烫，去除血污，冲净泡沫后沥干。

❸ 锅中倒入鸡高汤煮沸，放入姜片、鸡腿块和沙参，大火煮沸后改小火煮 30 分钟，加入油菜续煮 15 分钟，最后加入白砂糖、鸡精、盐调味即可。

玉米须麦冬炖鸡肉

补脾益肾 + 滋阴润肺

材料

鸡胸肉 200 克，玉米须 50 克，西洋参、枸杞子各 10 克，麦冬 20 克。

调料

盐少许。

做法

❶ 鸡胸肉洗净，切成小块，用清水稍微浸泡一会儿。

❷ 麦冬洗净，用清水浸泡；枸杞子、西洋参用清水冲洗一下；玉米须洗净。

❸ 把所有材料放进炖盅，加 2000 毫升水，隔水炖约 1.5 小时，加盐调味即可。

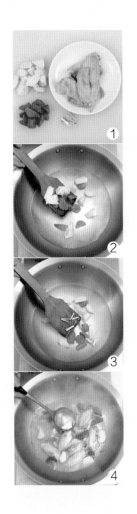

益气补精 + 补脾养胃

山药鸡翅汤

材料

鸡翅中、山药、胡萝卜、葱段各适量。

调料

盐、料酒、香油各适量。

做法

❶ 山药、胡萝卜去皮，洗净，切块；鸡翅中洗净；备好其他食材（图①）。

❷ 鸡翅中放入沸水锅中氽烫透，捞出。

❸ 锅置火上，加入适量清水，放入鸡翅中、山药块、葱段、胡萝卜块，煮沸后烹入料酒（图②、图③）。

❹ 转小火煮40分钟，加盐和香油调味即可（图④）。

山药有益气养阴、补脾肺、固精止带的功效。胡萝卜有清热解毒、补肝明目、降气止咳的功效，较适合肠胃不适、夜盲症、便秘等患者食用。

榴莲鸡肉汤

材料

鸡1只，榴莲肉少许，姜适量。

调料

料酒、盐各适量。

做法

❶ 姜洗净，切片；鸡放入沸水中汆烫约5分钟，捞出洗净，切块。

❷ 煲锅中倒入适量水烧开，放入鸡块、榴莲肉及姜片。

❸ 加入料酒和盐，移入蒸锅中隔水蒸炖2小时即可。

银耳鸡肉汤

材料

鸡1只，银耳40克，红枣10颗，姜3片。

调料

盐适量。

做法

❶ 鸡洗净，切大块；银耳用温水泡20分钟；红枣洗净，去核。

❷ 煲锅中倒入适量水，用大火煮开，加入鸡块、红枣及姜片。

❸ 中火煲90分钟，再加入银耳继续煲30分钟，最后加盐调味即可。

杂烩汤

材料

鸡心、鸡胗、鸡肝各 75 克，青椒、红甜椒块各 25 克，泡仔姜片 15 克，黑木耳 5 克，葱段、蒜片各适量。

调料

盐、胡椒粉、淀粉、料酒各适量。

做法

❶ 鸡杂洗净，切成易入口的大小，用部分料酒、淀粉、胡椒粉抓匀，腌渍 30 分钟。

❷ 黑木耳用温水泡发，撕成块状。

❸ 油锅烧至九成热，下入葱段、蒜片爆香，加入鸡杂、泡仔姜一同炒匀，加水烧沸，放入黑木耳块及青椒、红甜椒块，转为中小火。待鸡杂煮熟后，加盐、料酒调味即可。

鸡翅栗子炖汤

材料

鸡翅 300 克，栗子 50 克，红甜椒 20 克，葱 30 克。

调料

盐、味精各适量。

做法

❶ 鸡翅洗净，入沸水中汆烫一下，捞出，沥干水分；栗子去壳，洗净，泡好；红甜椒去蒂和籽，洗净，切片；葱洗净，切段。

❷ 锅置火上，放入适量清水、鸡翅和栗子，大火煮沸，再放入红甜椒片、葱段一起炖煮 50 分钟至鸡翅熟透。

❸ 出锅前加入盐和味精调味即可。

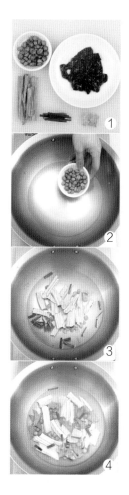

养血明目 + 健脾养胃

花生鸡肝汤

做法

❶ 干腐竹用清水泡发，洗净，切段；花生米挑净杂质，洗净，用清水浸泡 3 ~ 4 小时；鸡肝去净筋膜，洗净；备好其他食材（图①）。

❷ 汤锅置火上，放入花生米煮至熟软，倒入葱段、姜片，下入腐竹煮至熟透（图②、图③）。

❸ 倒入鸡肝煮至沸腾，加盐调味，淋上香油即可（图④）。

材料

干腐竹、花生米、鸡肝、葱段、姜片各适量。

调料

盐、香油各适量。

花生有补中和胃、润肺止咳、行血止血的功效。

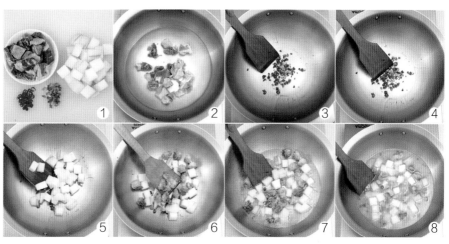

鸭肉冬瓜汤

材料

鸭肉 200 克，冬瓜 150 克，葱花、小米椒碎各适量。

调料

盐、味精、胡椒粉、醋各适量。

做法

❶ 鸭肉剁块；冬瓜处理干净，切滚刀块；备好其他食材（图①）

❷ 鸭肉块、冬瓜块分别放入沸水中汆烫，捞出沥干（图②）。

❸ 油锅烧热，用葱花、小米椒碎爆香，放入冬瓜煸炒 1 分钟，放入鸭肉块（图③~图⑥）。

❹ 加水，小火煲至汤色乳白时，加盐、味精、胡椒粉，淋入醋即可（图⑦、图⑧）。

冬瓜中钾元素含量较高，钠元素含量较低，适合高血压患者食用。

洋参冬瓜煲水鸭

材料

水鸭 1 只，猪脊骨、冬瓜各 300 克，猪瘦肉 100 克，姜、洋参各 15 克。

调料

盐适量，鸡精少许。

做法

❶ 水鸭剖好，洗净；猪脊骨、猪瘦肉剁块，洗净；姜洗净后切片；冬瓜去籽留皮，切块。

❷ 锅中加水烧开，将猪脊骨块、猪瘦肉块、整只水鸭迅速用沸水汆烫，捞出；水鸭切块。

❸ 将水鸭块、猪脊骨块、洋参、猪瘦肉块、姜片、冬瓜块放入砂锅，加入适量水，煲 2 小时后关火，放入盐、鸡精调味即可。

雪梨陈皮炖水鸭

材料

水鸭 500 克，雪梨 1 个，姜 6 片，陈皮 2 片，南杏、北杏 20 克，莲子适量。

调料

白砂糖、盐各 1 小匙，醪糟 50 毫升，鸡高汤 1000 毫升。

做法

❶ 水鸭处理干净，放入沸水中汆烫约 5 分钟，捞出洗净，切块；南杏、北杏洗净；陈皮洗净，泡软；雪梨洗净后去皮，对切成 4 块，去除果核。

❷ 锅中放入所有材料，加入鸡高汤，隔水蒸约 1 小时，熄火前加入醪糟、白砂糖、盐稍蒸即可。

鲜莲冬瓜煲鸭汤

材料

老鸭 1 只，冬瓜 1000 克，鲜莲叶 1 片，薏米 30 克，莲子、陈皮各适量。

调料

盐少许。

做法

❶ 冬瓜去瓤，连皮切成大块；老鸭洗净，剁成大块，氽烫后过冷水备用；陈皮浸软。

❷ 锅中加水，放入冬瓜块、鸭块、薏米、莲子，稍煮后放入陈皮和鲜莲叶。

❸ 待水煮沸后转小火煲 3 小时，加盐调味即可。

冬瓜芡实煲老鸭

材料

冬瓜、老鸭各 200 克，瘦猪肉 100 克，姜 5 片，芡实适量，陈皮少许。

调料

盐 1 小匙，干荷叶 1/4 张。

做法

❶ 冬瓜去籽，洗净，切块；猪瘦肉洗净，切块；老鸭处理干净后，切大块。

❷ 锅中盛水，将水煮沸后加入瘦猪肉块和老鸭块氽烫 3 分钟，捞出。

❸ 将所有材料及调料（除冬瓜外）放入锅中，加入足量的水，大火烧开后转中小火继续煲 60 分钟，放入冬瓜块，继续煲 30 分钟即可。

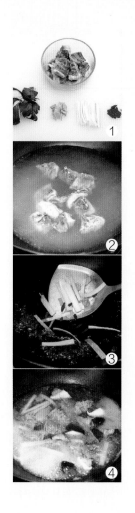

香菇枸杞炖鸭

益气补血 + 滋阴养胃

材料

鸭肉 300 克，枸杞子、姜各 20 克，香菇、葱各 10 克。

调料

盐 1/4 小匙，料酒适量。

做法

❶ 鸭肉洗净，切块；姜洗净，切片；葱洗净，切段；香菇洗净；备好其他食材（图①）。

❷ 将鸭肉块放入沸水锅中，汆烫后沥干水分（图②）。

❸ 汤锅中加入适量的水，放入盐、料酒调味后放入香菇、枸杞子、姜片及葱段（图③）。

❹ 烧开后加入鸭肉块略煮，加 500 毫升水再次煮沸后转小火，续煮 2 小时即可（图④）。

香菇有"真菌之王"之称，含有丰富的酶以及多种氨基酸，可提高人体免疫力。

土豆炖鸭块

益气补虚 + 滋阴益肾

材料

鸭肉 600 克，土豆 300 克，姜片适量。

调料

盐、料酒、老抽、生抽、大料、山奈、冰糖各适量。

做法

❶ 鸭肉用温水洗净，切块，氽烫后捞出，沥干水分；土豆洗净，去皮，切块。

❷ 油锅烧热，放入氽烫好的鸭块，小火煸至鸭块出油，加水，放入姜片、大料、山奈和冰糖，翻炒出香味，调入料酒、老抽、生抽，炒上色，转大火烧沸。

❸ 下入土豆块，煮 20 分钟至鸭肉块软熟，加盐调味即可。

鲜藕黄芪老鸭汤

健脾开胃 + 补气固表

材料

莲藕块 250 克，黄芪 20 克，老鸭半只，山药块 50 克，姜 5 片。

调料

盐 1 小匙。

做法

❶ 老鸭洗净，剁块，放入沸水中氽烫，捞出，沥干。

❷ 锅中加水，入鸭块、莲藕块、黄芪、山药块和姜片，大火煮开。

❸ 转中小火煮至鸭肉熟烂，加盐调味即可。

海带鸭肉汤

材料

鸭胸肉 500 克，水发海带丝 200 克，姜片、葱段各适量。

调料

高汤、盐、味精、料酒各适量。

做法

❶ 将鸭胸肉反复洗净，抹上部分盐和料酒腌渍30 分钟后在冷水中加热汆烫。

❷ 将鸭胸肉入锅，注入足量高汤，大火煮沸后撇去浮沫。

❸ 放入海带丝、姜片和葱段，改用小火温煮，直至鸭肉熟烂，放入植物油，用盐、味精调味即可关火。

冬瓜薏米鸭肉汤

材料

鸭肉300克，薏米100克，冬瓜200克，姜3片，红枣2颗，橘皮3片，川芎6片。

调料

盐、醪糟、香油、白砂糖各适量。

做法

❶ 薏米洗净，用水浸泡约1小时，捞出，放入电饭锅蒸热；冬瓜连皮洗净，去籽，切块；鸭肉洗净，切块，放入沸水中汆烫，去除血水，捞出冲净；剩余材料洗净备用。

❷ 净锅置火上，加入适量的水和所有材料，大火煮20分钟后转小火再煮30分钟，捞出药材，加入所有调料拌匀即可。

芋头鸭肉汤

材料

鸭子 1 只，芋头 250 克，蒜苗 50 克，蒜片、姜片各适量。

调料

高汤、料酒、盐、老抽、鸡精、花椒各适量。

做法

❶ 鸭子洗净，切成块；芋头洗净，切滚刀块，用沸水汆烫一下，沥干。

❷ 油锅烧热，下入鸭块炒至变色，捞出。

❸ 净锅内放入高汤、花椒，煮沸后转为小火，捞出花椒不用。

❹ 下入鸭块、芋头块、姜片、蒜片，加入料酒、老抽，煮 30 分钟。

❺ 加入蒜苗、盐、鸡精调味即可。

鸭血豆泡粉丝汤

材料

鸭血 350 克，豆泡 100 克，干粉丝 30 克，葱花、姜丝各适量。

调料

干辣椒段、盐、鸡精、花椒粉各适量。

做法

❶ 鸭血洗净，切块；豆泡洗净，切小块；干粉丝剪成 10 厘米左右的段，洗净；其余材料均洗净备用。

❷ 油锅烧热，爆香干辣椒段、葱花和姜丝。

❸ 放入鸭血块和豆泡块炒匀。

❹ 放入适量清水和干粉丝，煮透后用盐、花椒粉和鸡精调味即可。

薏米炖老鸭

材料

老鸭半只，冬瓜块 300 克，薏米 100 克，枸杞子 10 克，姜 3 片，葱花适量。

调料

料酒 2 大匙，白胡椒粉、盐各少许。

做法

❶ 老鸭洗净，斩成大块; 备好其他食材(图①)。

❷ 薏米加水浸泡 6 小时以上（图②)。

❸ 锅中加水，大火烧开，加入料酒，放入鸭块，氽烫约 3 分钟至鸭肉变色，捞出（图③)。

❹ 净锅加水，大火煮开，放入鸭块、薏米、姜片，大火煮开后转中小火煲煮 30 分钟。放入冬瓜块和枸杞子，继续煲煮 20 分钟（图④ ~ 图⑥)。

❺ 加葱花、白胡椒粉和盐调味即可（图⑦ 、图⑧)。

鸭肉性平、微寒，味甘、咸，归脾、胃、肺、肾经，有滋阴补血、益气利水的功效。

103

龙眼百合鹌鹑煲

补中益气＋宁心安神

材料

鹌鹑2只，百合12克，龙眼6颗。

调料

盐、香油各适量。

做法

❶ 将鹌鹑处理干净，剁成块，入沸水中氽烫去血水，捞出，沥干水分（图①）。

❷ 百合、龙眼分别洗净，入清水中浸泡至发（图②）。

❸ 净锅置火上，倒入适量水，调入盐，下入鹌鹑肉块、水发百合、龙眼，大火煮沸后转小火，煲至鹌鹑肉熟烂（图③）。

❹ 盛出，滴入香油即可（图④）。

鹌鹑是一种高蛋白、低脂肪、低胆固醇的食材，较适合高血压、肥胖症、动脉硬化等患者食用；鹌鹑中含有的丰富卵磷脂可以形成溶血磷脂，这种物质对抑制血小板凝集，保护血管壁，阻止血栓形成，预防动脉硬化有益。

莲子乌鸡鸽子汤

益气补血＋补脾止泻

材料

乌鸡 250 克，鸽子 100 克，莲子 50 克，姜片适量。

调料

盐适量。

做法

❶ 乌鸡、鸽子洗净，切成块状。

❷ 煲盅中加入适量清水，放入乌鸡块、鸽子块、莲子、姜片，用中火煲 3 小时。

❸ 待乌鸡块、鸽子块肉熟烂离火，放入盐调味即可。

柠檬鸽子汤

清热解暑＋止渴生津

材料

鸽子 1 只，柠檬半个，枸杞子 15 克，姜片适量。

调料

盐、料酒各适量。

做法

❶ 鸽子处理干净、洗净，切大块，与枸杞子、姜片一同放入煲盅内，加水，放入少许料酒，隔水炖煮 1 小时。

❷ 柠檬洗净，切小块，放入煲盅内，继续炖 15 分钟。

❸ 待鸽子肉熟烂，离火前放入盐调味即可。

南北杏雪耳炖乳鸽

材料

乳鸽1只，银耳30克，南杏、北杏各20克，姜1片。

调料

料酒1大匙，盐适量。

做法

❶ 银耳洗净，泡水20分钟，去蒂；南杏、北杏泡水，洗净。

❷ 乳鸽洗净，对半切开，放入沸水中氽烫约3分钟，捞出沥干。

❸ 煲锅中倒入800毫升热水，加入乳鸽、银耳、姜片及南杏、北杏，加盐、料酒，移入蒸锅中隔水蒸炖90分钟即可。

杏仁银耳炖乳鸽

材料

乳鸽1只，银耳50克，杏仁40克，姜1片，蜜枣、红枣各适量。

调料

料酒2大匙，盐适量。

做法

❶ 乳鸽洗净，对半切开，入沸水中氽烫约2分钟，捞出，沥干水分。

❷ 银耳用温水泡发，去蒂，洗净；杏仁、红枣分别洗净。

❸ 锅置火上，加入适量清水烧开，放入所有处理好的材料，调入料酒及盐，移入蒸锅中隔水蒸炖2小时即可。

萝卜橙香鸽肉汤

材料

乳鸽 1 只，白萝卜、胡萝卜各 100 克，姜片、葱丝各适量，橙皮少许。

调料

盐、料酒各适量。

做法

❶ 白萝卜、胡萝卜分别洗净，切块；橙皮切丝。

❷ 乳鸽去头、爪、内脏，处理干净后洗净，入沸水中汆烫去血污。

❸ 锅内加水煮沸，入鸽肉煮沸，再加入姜片、料酒、白萝卜块、胡萝卜块、橙皮丝，煲 30 分钟左右，加盐调味，出锅前入葱丝即可。

玉竹煲鹅肉

材料

鹅肉 500 克，玉竹、山药各 30 克，枸杞子 10 克，姜片、葱段各适量。

调料

盐、料酒、味精、香油各适量。

做法

❶ 玉竹洗净，切段；枸杞子用温水泡软；山药去皮，洗净，切块。

❷ 鹅肉洗净，剁成肉块，在沸水中汆烫去血水，拌入盐和料酒，腌渍 30 分钟。

❸ 将玉竹段、山药块、枸杞子、姜片和葱段入锅，加水，用大火煮沸后改用小火，温煮 2 小时。

❹ 放入鹅肉块，煮至肉熟，放入盐、味精，淋入香油即可。

西红柿禽蛋汤

材料

鸭蛋2个（取蛋清），鸡蛋、西红柿各1个，水发黑木耳2朵。

调料

盐、味精、香油、鸡汤各适量。

做法

❶ 西红柿洗净，用开水烫一下，去皮和籽，切成丝；水发黑木耳择洗干净，切丝。

❷ 鸡蛋打散，放入热油锅中摊成蛋皮，切丝。

❸ 锅置火上，放入鸡汤烧开，下入蛋皮丝、黑木耳丝、西红柿丝氽烫一下，捞出。

❹ 放入鸭蛋清，用盐、味精、香油调味，待蛋清片浮起后起锅，倒入汤碗内，将蛋皮丝、木耳丝、西红柿丝依次码在蛋清上即可。

灵芝鹌鹑蛋汤

材料

熟鹌鹑蛋20个，去核红枣15克，灵芝20克。

调料

藕粉、冰糖、白砂糖各适量。

做法

❶ 灵芝洗净切片，与红枣一起加水煮至灵芝出味，待汁液浸入枣内，取出红枣。

❷ 汤锅内加适量清水，放入白砂糖、冰糖煮至融化。

❸ 放入鹌鹑蛋、红枣煮透，用藕粉勾芡，翻匀盛入碗中即可。

第三章

水产汤煲

鲜香营养

一提到水产，鲜香、活力这些词就自然出现在我们脑海里。河水的清冷，海水的活泼，在一碗汤里，体现得淋漓尽致。

栗子南瓜鲫鱼汤

材料

鲫鱼 1 条，南瓜 300 克，小米、栗子各 200 克，银耳 20 克，陈皮少许。

调料

盐少许。

做法

❶ 栗子去皮，洗净后沥干；小米、银耳浸透，洗净；南瓜洗净，切块；备好其他食材（图①）。

❷ 鲫鱼剖净后抹干，油锅烧热，放入鲫鱼煎至两面微黄后盛起。

❸ 锅中加清水，大火烧开，放入银耳、陈皮、小米、栗子和南瓜块稍煮（图②～图⑤）。

❹ 放入鲫鱼，以中慢火煲约 1 小时，放盐调味即可（图⑥～图⑧）。

鲫鱼有健脾利湿、和中开胃、活血通络的功效，南瓜有补中益气的功效，两者搭配同食有开胃、补气的作用。

宽肠益肾 + 补脾养胃

山药炖鲫鱼

材料

鲫鱼1条，山药250克，枸杞子1小匙，葱段、姜片各5克。

调料

盐2小匙，胡椒粉半小匙，料酒1大匙。

做法

❶ 鲫鱼去鳞、去鳃，刮掉鱼肚里的黑膜，洗净，沥干；山药洗净，去皮，切块，放入清水中浸泡；枸杞子用温水泡软；备好其他食材（图①）。

❷ 鱼身抹盐，鱼肚放姜片，腌渍片刻。

❸ 油锅烧热，放入鲫鱼，煎至两面金黄，烹入料酒，加姜片、葱段、山药块和适量清水（图②、图③）。

❹ 大火烧开，转小火继续煮至汤色奶白、山药软烂，加入盐、胡椒粉调味，放入枸杞子稍煮即可（图④）。

鲫鱼中含有优质蛋白，有利水、消肿、通乳的功效，适合产后催乳。

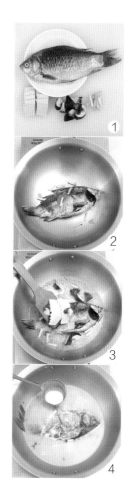

益气开胃 + 健脾除湿

香菇鲫鱼汤

做法

❶ 鲫鱼去鳞、鳃和内脏，洗净，沥干水分；香菇择洗干净，切块；豆腐洗净，切块；备好其他食材（图①）。

❷ 油锅烧热，放入鲫鱼煎至两面色泽微黄，放入葱段、姜片（图②）。

❸ 加水，煮至鲫鱼八成熟，下入香菇块和豆腐块，煮开后再煮3分钟，加牛奶、盐，撒上香菜段即可（图③、图④）。

豆腐营养丰富，富含氨基酸和蛋白质，且含不饱和脂肪酸，较适合高血压、高血脂、高胆固醇、冠心病以及动脉硬化患者食用，另外豆腐还有清热、生津、止渴的功效。

材料

鲫鱼1条，香菇、豆腐、葱段、姜片、香菜段各适量。

调料

盐、牛奶各适量。

鳜鱼丝瓜汤

材料

鳜鱼肉片300克，丝瓜块250克，鸡蛋1个（取蛋清），水发银耳、葱丝、葱姜汁各适量。

调料

高汤1000毫升，盐、淀粉、料酒、胡椒粉、味精、熟鸡油各适量。

做法

❶ 鳜鱼肉片放入碗中，加淀粉、蛋清、葱姜汁、料酒抓匀。

❷ 锅置火上，倒入部分高汤，煮沸后放入银耳、部分盐、味精，煮沸后撇去浮沫，然后放入丝瓜块略煮，倒入碗中，放入胡椒粉、葱丝。

❸ 净锅加高汤、料酒、盐，放入鳜鱼肉片，煮熟，倒入装有丝瓜汤的碗中，淋熟鸡油即可。

草鱼炖冬瓜

材料

草鱼400克，冬瓜200克，香菜、葱、姜、蒜各适量。

调料

清汤、香油、盐、料酒、味精各适量。

做法

❶ 草鱼处理干净，切成大鱼片；冬瓜去皮、瓤，洗净，切成块；葱、姜分别洗净，切成丝；蒜去皮，切末；香菜洗净，切段。

❷ 油锅烧热，下入草鱼片两面煎至微黄，入葱丝、姜丝、蒜末煸炒出香味。

❸ 烹入料酒，加入清汤、冬瓜块，调小火，煮至鱼、瓜熟烂，调入盐、味精、香菜段、香油，翻炒几下即可。

春笋焖黄鱼

材料
小黄鱼肉250克，春笋150克，胡萝卜50克，姜末适量，薄荷叶少许。

调料
高汤、香油、料酒、胡椒粉、水淀粉各适量，盐少许。

做法
❶ 小黄鱼肉洗净，切成1厘米见方的小丁；春笋去壳，洗净，切丁；胡萝卜去皮，洗净，切丁。

❷ 锅内加高汤、姜末、鱼丁、笋丁、胡萝卜丁、料酒、盐和胡椒粉煮沸，撇去浮沫，用水淀粉勾芡。

❸ 待芡汁略有黏性时，加入少许香油，装盘后用薄荷叶装饰即可。

菊花鱼片汤

材料
草鱼肉600克，香菇50克，菊花5朵，姜2片，香菜、葱段各少许。

调料
盐适量。

做法
❶ 菊花洗净，放入盐水中浸泡约10分钟，捞出沥干；香菇泡软，去蒂，切片。

❷ 草鱼肉切成薄片，放入热油锅中，锅中放入姜片，将草鱼肉片快速煎一下，捞出。

❸ 锅内倒入适量水，大火烧开，先放入香菇片煮约5分钟，再加入草鱼肉片和菊花煮沸，加盐调味，撒入香菜和葱段即可。

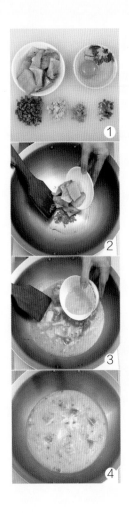

嫩笋火腿黄鱼汤

健脾益气 + 化痰止咳

材料

黄鱼肉 150 克，嫩笋 100 克，熟火腿 60 克，鸡蛋 1 个，葱、姜末各适量。

调料

料酒、盐、味精、香油、清汤、水淀粉、姜汁各适量。

做法

❶ 黄鱼肉洗净，切成厚片；嫩笋、熟火腿均切成末；鸡蛋磕入碗内，打散；葱一半切段，一半切末；姜切末（图①）。

❷ 油锅烧热，用葱段、姜末爆香，放入鱼片，烹入料酒、姜汁，加入清汤、笋末、熟火腿末、盐继续煮（图②）。

❸ 烧沸后撇去浮沫，水淀粉勾芡，淋入蛋液，放味精，小火煲 10 分钟后淋入香油，撒入葱花即可（图③、图④）。

黄鱼含有丰富的蛋白质、微量元素以及维生素，有很好的补益作用，较适合中老年人食用。

鱼丸汤

温中益气 + 健脾开胃

材料

鲢鱼 500 克，香菜 20 克，芥菜 150 克，鸡蛋 1 个，葱末、姜末各适量。

调料

料酒、盐、胡椒粉、淀粉、香油各适量。

做法

❶ 将鲢鱼去鳞、去内脏，洗净后切成小块，用少许料酒和盐腌渍 10 分钟，去其腥味。

❷ 取鲢鱼肉，在碗里捣烂成茸泥，加入料酒、胡椒粉、盐和淀粉，打入鸡蛋，充分搅拌。

❸ 锅中加水，鱼肉泥挤成丸子下入锅内，烧开后用小火温煮 30 分钟，捞出鱼丸。

❹ 油锅烧热，爆香葱末、姜末，加水及料酒、鱼丸，烧开后放入芥菜、香油，撒上香菜即可。

枸杞子鲢鱼汤

健脾开胃 + 清热利尿

材料

鲢鱼 1 条，豆腐 200 克，青笋半根，枸杞子 15 克，姜片适量。

调料

盐适量。

做法

❶ 鲢鱼洗净；豆腐切块；青笋去皮，洗净，切块。

❷ 油锅烧热，下入鲢鱼，煎至变色，注入足量清水，下入枸杞子、青笋块、豆腐块、姜片，用大火煮 10 分钟。

❸ 改为小火，加盐，煮 30 分钟即可。

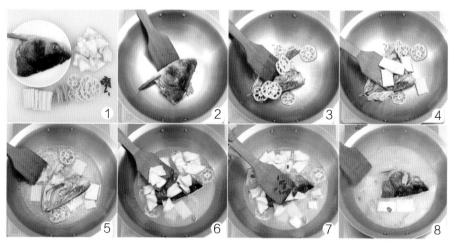

1 2 3 4
5 6 7 8

丝瓜鱼头煲

材料

鱼头1个,藕、豆腐、丝瓜、枸杞子、姜丝各适量。

调料

醪糟、盐、味精、茶水各适量。

做法

❶ 丝瓜去皮、去蒂,洗净,切块,放在茶水中浸泡 10 分钟;鱼头洗净,切成两半,切花刀;豆腐洗净,切块;藕去皮,洗净,切片;枸杞子用清水泡发,洗净(图①)。

❷ 油锅烧热,加入姜丝,放入鱼头,煎至两面变色(图②)。

❸ 倒入藕片、豆腐块、醪糟和适量清水,大火煮沸,改小火继续煮15分钟,放入丝瓜块稍煮,用盐和味精调味,撒上枸杞子即可(图③~⑧)。

何首乌鲤鱼汤

材料

鲤鱼 1 条，豆腐块 100 克，何首乌 15 克。

调料

盐、鸡精、胡椒粉各适量。

做法

❶ 何首乌放入煲盅内，加入适量清水，用小火煎 1 小时，取汁留用。

❷ 鲤鱼洗净，放入汤锅内，用大火煮沸后转为小火，煮 2 小时。

❸ 加入豆腐块、何首乌汁、盐、鸡精、胡椒粉，搅匀即可。

奶汤锅子鱼

材料

净鲤鱼 1 条，冬笋片、火腿片、水发香菇片、葱段、姜片、香菜末各少许。

调料

奶汤 1500 毫升，料酒 15 毫升，盐 2 小匙，白胡椒粉 1 小匙。

做法

❶ 鲤鱼切块，入油锅中煎至两面金黄。

❷ 加入料酒、葱段、姜片炒匀，加入奶汤。

❸ 大火煮沸，下其余材料（除香菜）、盐，大火煮开后转小火煮 30 分钟，加白胡椒粉、香菜末即可。

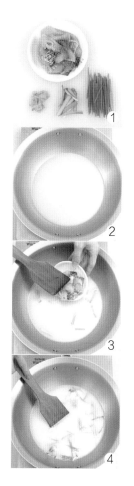

胡萝卜鲈鱼煲

健脾益气 + 健胃消食

做法

❶ 鲈鱼处理干净，去头、剔骨，取鱼肉切片；胡萝卜去皮，切丝；香菜梗洗净，切段；备好其他食材（图①）。

❷ 将葱白丝、胡萝卜丝、香菜梗段加少许盐拌匀。

❸ 锅中加高汤煮沸，下入鱼片、姜片，烹入料酒，鱼片煮熟后加盐调味，撒入拌好的三丝，稍煮即可（图②～图④）。

材料

鲈鱼 200 克，胡萝卜 100 克，香菜梗、姜片、葱白丝各适量。

调料

高汤、盐、料酒各适量。

鲈鱼含有丰富蛋白质以及其他多种营养素，有补益五脏、调和肠胃的功效。

清炖鳝鱼

材料

鳝鱼段 600 克，咸菜 50 克，葱 2 根，姜 4 片。

调料

胡椒粒 30 粒，盐 1 小匙。

做法

❶ 咸菜用冷水浸泡 15 分钟后切片；葱切段；胡椒粒辗碎后放香料袋中。

❷ 把姜片和葱段铺在炖盅底，上面放鳝鱼段，旁边放咸菜片和香料袋。

❸ 加冷水到完全覆盖鳝鱼段，放盐，盖上炖盅盖（或用微波炉保鲜纸密封），用慢火炖 1 小时即可。

鲶鱼炖茄子

材料

净鲶鱼 1 条，茄子块 200 克，青椒块 100 克，葱段、姜片、蒜片各 5 克。

调料

大料 1 粒，豆瓣酱 15 克，老抽 2 小匙，料酒 2 小匙，白砂糖 1 小匙，花椒粉、胡椒粉、鸡精各半小匙，盐适量。

做法

❶ 鱼切 1 厘米长段。油锅烧至六成热，分别将茄子块和鲶鱼段炸至变色，捞出。

❷ 锅留底油，爆香葱段、姜片、蒜片、大料和豆瓣酱，加老抽、料酒、白砂糖、盐炒匀，放入适量沸水、鲶鱼段、茄子块，煮开后小火煲煮约 40 分钟，加青椒块和剩余调料调味即可。

鱼头豆腐汤

材料

鱼头 500 克，豆腐 200 克，香菜 15 克，姜片、葱段各适量。

调料

盐、料酒、胡椒粉、味精各适量。

做法

❶ 香菜洗净，切末；豆腐切块。

❷ 将鱼头去鳃，冲洗干净，抹料酒和盐腌渍 30 分钟。

❸ 油锅烧热，用姜片和葱段爆香，加料酒，放鱼头煎至两面呈金黄色，再注入足量清水，用大火煮沸后改用小火，温煮 30 分钟。

❹ 放入豆腐块，合盖继续炖煮至熟，加盐、味精、胡椒粉调味，撒上香菜末即可。

鲜豆浆鱼头汤

材料

鱼头 1 个，大豆 180 克，姜片 100 克，香菜段 50 克，冻豆腐块 500 克。

调料

盐、料酒各 2 小匙。

做法

❶ 鱼头洗净，从中间对剖；大豆泡好。

❷ 将大豆和水加入豆浆机内，打成豆浆，滤除豆渣。

❸ 油锅烧热，下入姜片，再放入鱼头煎至金黄。

❹ 将煎好的鱼头和冻豆腐块、豆浆放入煲锅中，待材料炖煮熟烂后打开锅盖，加入香菜段、料酒、盐即可。

营养带鱼汤

材料

带鱼 300 克，姜末、葱花各适量。

调料

盐、胡椒粉、白砂糖、味精、辣椒油各适量。

做法

❶ 带鱼洗净，切成菱形块，加味精、部分姜末和葱花腌渍入味。

❷ 油锅烧至八成热，下带鱼块炸至金黄色捞出，沥油。

❸ 锅留底油，用姜末、葱花爆香，加水煮沸，熬出味后放入带鱼块，用盐、胡椒粉、白砂糖调味，中火收汁，加入辣椒油即可。

家常煲带鱼

材料

带鱼 1 条，白菜叶、粉丝各 75 克，葱花、姜末、蒜末各少许。

调料

盐、鸡精、豆瓣酱、料酒、老抽、香醋、白砂糖、香油、鲜汤各适量。

做法

❶ 白菜叶洗净，入沸水中汆烫；粉丝用水浸泡。

❷ 带鱼去内脏，洗净，切小段，用盐、料酒、老抽腌渍片刻，入热油锅中煎炸至半熟，捞出。

❸ 油锅烧热，下入豆瓣酱、葱花、姜末、蒜末爆香，烹入料酒、鲜汤，大火烧沸后加入带鱼段、老抽、白砂糖、香醋，放入白菜叶和粉丝稍炖，加盐、鸡精调味，淋香油即可。

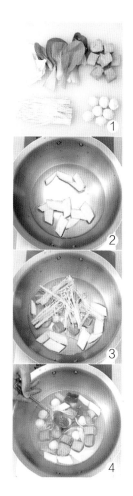

丸子青菜汤

补中益气 + 清热解烦

做法

❶ 杏鲍菇洗净，切片；金针菇、青菜洗净，切段；备好其他食材（图①）。

❷ 锅中倒入高汤，加杏鲍菇和金针菇煮20分钟左右（图②）。

❸ 加入夹心鱼丸和鱼豆腐继续煮至熟透（图③）。

❹ 用盐和黑胡椒粉调味，最后放入青菜汆熟即可（图④）。

材料

鱼豆腐、金针菇、青菜各50克，夹心鱼丸80克，杏鲍菇1个。

调料

高汤、盐、黑胡椒粉各适量。

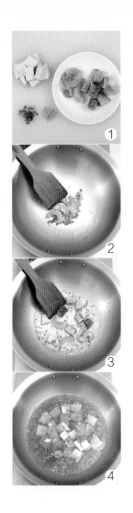

鲜虾炖黑头鱼

补中益气 + 补肾壮阳

材料

黑头鱼 1 条，鲜虾 50 克，豆腐 40 克，葱花、姜末各适量。

调料

盐、醋各适量。

做法

❶ 将黑头鱼处理干净，洗净，剁块；鲜虾处理干净，洗净；豆腐切块；备好其他食材（图①）。

❷ 油锅烧热，用葱花、姜末爆香，放入鲜虾烹炒（图②）。

❸ 锅中加水，烧开，调入盐，放入黑头鱼、豆腐块煲熟，调入醋即可（图③、图④）。

> 黑头鱼营养丰富，含有丰富的维生素以及钙、铁等元素，是一种高蛋白、低脂肪的食材，可以增强人体抵抗力，有强身健体的功效。葱作为日常菜品中不可缺少的食材，可以刺激胃液及唾液的分泌，增强食欲；葱还可以使神经兴奋，促进血液循环。

豌豆虾仁汤

材料
净虾仁 11 个，熟豌豆、黄甜椒丝各 55 克，
净黄豆芽 100 克，蒜片适量。

调料
盐、生抽、料酒、泰式咖喱酱、咖喱粉、椰浆、
白糖各适量。

做法
❶ 油锅烧热，下蒜片爆香，接着放入黄豆芽翻
炒片刻，调入生抽、料酒，加入咖喱酱、咖喱
粉翻炒至上色。

❷ 放入熟豌豆翻炒均匀，放入白糖和适量清水，
大火煮沸，放入虾仁。

❸ 倒入椰浆再次煮沸，加盐调味，出锅前放入
黄甜椒丝略煮即可。

菜心虾仁鸡片汤

材料
菜心 250 克，鲜虾仁、鲜鸡肉各 100 克，姜
片适量。

调料
盐适量。

做法
❶ 菜心洗净。

❷ 虾仁去虾肠，洗净；鸡肉洗净，切片。

❸ 瓦煲中加入适量清水，大火煮沸后放入姜片、
虾仁、鸡肉片，煮至鸡肉片熟烂，加菜心稍煮，
加盐调味即可。

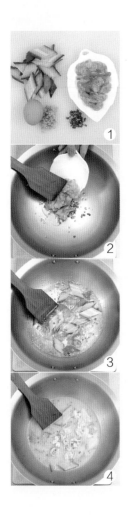

补气益肾 + 润肺养血

虾仁蛋汤

材料

虾仁 300 克，黄瓜 50 克，
鸡蛋 1 个，葱花、姜末
各适量。

调料

盐、味精、醋、胡椒粉、
香油各适量。

做法

❶ 虾仁洗净，备用；黄瓜洗净，切片；备好其他食材（图①）。

❷ 油锅烧热，用葱花、姜末爆香，放入虾仁，炒至断生（图②）。

❸ 放入黄瓜片翻炒片刻，加水，调入盐、味精、胡椒粉、醋，
烧开后打入鸡蛋，淋香油即可（图③、图④）。

虾仁含有丰富的微量元素和矿物质，且易被人体消化吸收，较
适合身体虚弱的人食用。鸡蛋中含有丰富的卵磷脂，是很好的健脑
食材。

益智煲

材料
金针菇 250 克，虾仁、小白菜、鲜香菇、草菇和洋菇各 100 克。

调料
盐、猪骨高汤各适量。

做法
❶ 将虾仁的虾线挑掉，洗净，沥干水分；分别将金针菇、小白菜、鲜香菇、草菇和洋菇择洗干净，沥干水分。

❷ 锅中注入猪骨高汤，把金针菇、鲜香菇、草菇和洋菇下入锅中，煮至汤沸后再煮 2 分钟左右，下入虾仁和小白菜煮至熟透，加盐调味即可。

西红柿虾肉汤

材料
虾肉 150 克，西红柿 2 个，红甜椒 100 克，胡萝卜 50 克，芹菜少许，葱段适量。

调料
醋 1 小匙，虾汁 400 毫升，白酒、盐、黑胡椒粉各适量。

做法
❶ 将西红柿洗净，切块；红甜椒去蒂和籽，洗净，切块；胡萝卜洗净，切丁；芹菜择洗干净后切丁。

❷ 油锅烧热，放入西红柿块、红甜椒块、胡萝卜丁、芹菜丁和醋，翻炒至西红柿块成糊状。

❸ 注入虾汁、白酒，加入虾肉，用小火再煲15 分钟，撒盐、黑胡椒粉拌匀，最后放入葱段煮沸即可。

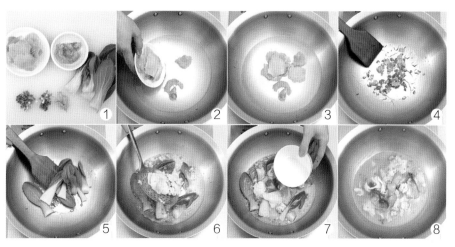

青菜虾仁汤

材料

鲜虾仁 200 克，鱼肉 150 克，青菜心 80 克，葱花、姜末、香菜末各适量。

调料

淀粉、盐、味精、香油、高汤各适量。

做法

❶ 青菜心择洗干净，切段；虾仁洗净；鱼肉洗净，切片；备好其他食材（图①）。

❷ 虾仁滑油后捞出，与鱼片一起放入沸水中余烫一下，捞出（图②、图③）。

❸ 油锅烧热，放入葱花、姜末爆香，投入青菜叶稍炒（图④、图⑤）。

❹ 倒入高汤烧沸，放虾仁、鱼片烧开，用淀粉勾芡，加盐、味精、香油调味，撒香菜末即可（图⑥～图⑧）。

青菜中含有的膳食纤维可以降低血液中的胆固醇和甘油三酯，减少脂类物质的吸收，对高血脂患者有益。

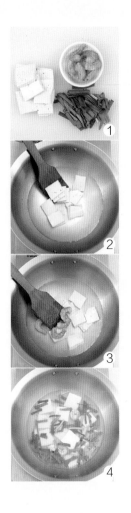

补气益肾 + 健脾利湿

豆腐虾仁汤

材料

虾 100 克，豆腐 75 克，
韭菜 50 克。

调料

水淀粉、香油、盐各适量。

做法

❶ 虾洗净，剥壳取肉；韭菜洗净，切段；豆腐用清水洗净，
切片（图①）。

❷ 虾仁、豆腐一同放入沸水锅内煮片刻（图②、图③）。

❸ 放入韭菜段，待材料熟后调入水淀粉，煮沸收汁，加盐、
香油调味即可（图④）。

　　虾含有丰富的钙元素以及磷元素，较适合孕妇及儿童食用。韭
菜含有的硫化物有一定的杀菌消炎作用，可以增强人体免疫力；其
含有的挥发性精油以及硫化物，可以散发出一种独特的香味，增进
食欲；韭菜含有丰富的膳食纤维，有助于消化，但一次不能食用过多，
否则其含有的膳食纤维会刺激胃肠壁，引起腹泻。

虾皮紫菜汤

材料

白萝卜 250 克，干紫菜、虾皮各 50 克，姜、葱各适量。

调料

高汤、盐、味精、香油、料酒各适量。

做法

❶ 干紫菜浸泡后洗净，沥水；白萝卜去皮后洗净，切成萝卜丝。

❷ 虾皮用温水泡发；姜洗净后切片；葱洗净后切段。

❸ 油锅烧热，用虾皮、葱段和姜片爆香，加料酒，注入足量高汤，大火煮沸。

❹ 放入白萝卜丝，直至煮熟，再放入紫菜微煮，放入味精、盐，淋入香油即可。

虾仁菠菜浓汤

材料

菠菜 50 克，虾仁 3 个，洋葱花、洋菇末各 1 大匙。

调料

高汤 250 毫升，盐 1/4 小匙，面粉 1 大匙，奶油适量。

做法

❶ 菠菜洗净，与高汤一起放入榨汁机中打成菠菜汁；虾仁洗净。

❷ 将奶油放入锅中加热，放入洋葱花、洋菇末、面粉炒香。

❸ 加入菠菜汁、虾仁，以小火煮约 5 分钟，待汤呈浓稠状后加入盐调味即可。

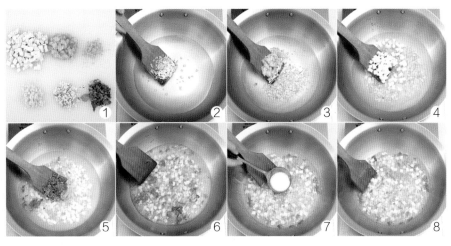

笋尖虾仁汤

材料

虾仁、鲜笋尖各60克，豆腐300克，蟹柳50克，姜末、香菜末适量。

调料

盐、味精、鸡汤、香油各适量。

做法

❶ 豆腐、虾仁、蟹柳、鲜笋尖均洗净，切成丁；备好其他食材（图①）。

❷ 锅置火上，加鸡汤，放入豆腐丁、虾仁丁、蟹柳丁、笋丁、姜末，大火烧沸，撇去浮沫（图②～图④）。

❸ 加味精、盐，放入香菜末，淋香油拌匀即可（图⑤～图⑧）。

虾仁搭配笋尖食用，有健脑、润肠、养胃的功效。笋所含的脂肪与淀粉都很少，较适合肥胖者食用，食用笋可以促进肠道蠕动，帮助消化，预防便秘。

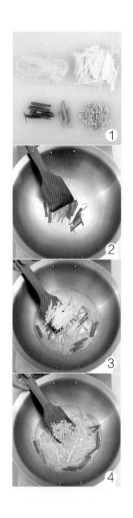

补气养血 + 益肾固精

虾皮粉丝汤

材料
白萝卜200克，虾皮、粉丝各80克,葱丝、姜丝、香菜段各适量。

调料
盐、料酒、味精、胡椒粉、鸡汤各适量。

做法
❶ 白萝卜洗净,切丝; 粉丝用开水烫软; 备好其他食材(图①)。

❷ 油锅烧热，用葱丝、姜丝爆香，放入虾皮煸炒，再下入白萝卜丝煸炒数下（图②、图③）。

❸ 加入鸡汤、粉丝，烧开后撇去浮沫，加盐、料酒、味精、胡椒粉调味，撒上香菜段即可（图④）。

白萝卜含有的芥子油、淀粉酶和膳食纤维，具有增强食欲、促进消化的功效。另外，白萝卜还有生津止渴、化痰消食的功效。

螃蟹白菜汤

清热解毒 + 补骨添髓

做法

❶ 螃蟹洗净外面的杂质，沥干水分，装入盘中，入蒸锅中蒸熟（图①）。

❷ 白菜掰成片，洗净，沥干水分；姜洗净，切片。

❸ 油锅烧热，用姜片爆香，下入白菜片翻炒（图②）。

❹ 将做法❶中的螃蟹取出，切成块，放入锅中翻炒至白菜变软，加适量水，用大火煮开（图③）。

❺ 改小火炖煮至白菜片软烂、汤汁入味，加适量盐调味即可出锅（图④）。

材料

螃蟹1只，白菜200克，姜适量。

调料

盐适量。

银丝螃蟹煲

材料

螃蟹 400 克，粉丝 100 克，剁椒 15 克，葱花适量，姜片、蒜末各 10 克。

调料

料酒 2 大匙，生抽、蚝油各 1 大匙，高汤 1 碗，淀粉适量。

做法

❶ 螃蟹洗净后去鳃，切块，蘸少许淀粉；粉丝略微泡发，不用太软。

❷ 油锅烧热，入剁椒炒出红油，用葱花、姜片、蒜末爆香，入螃蟹块、料酒，炒至螃蟹变色。

❸ 将炒锅中的食材转至砂锅，入粉丝，盖上螃蟹壳，倒入高汤，调入蚝油、生抽，加盖，改小火焖 5 分钟，出锅时撒上葱花即可。

蟹黄豆腐煲

材料

嫩豆腐 1 块，蟹肉 100 克，鸡蛋 1 个（取蛋黄），洋葱半个，姜末适量，葱花少许。

调料

蟹黄、咖喱粉、胡椒粉、料酒、水淀粉、盐、白砂糖各适量。

做法

❶ 嫩豆腐放入沸水中，加盐余烫 2 分钟，捞出后放凉，切块，放入盛器中。

❷ 洋葱去老皮，洗净，切小丁。

❸ 油锅烧热，用姜末、洋葱丁炒香，放入蟹黄翻炒，加入咖喱粉、胡椒粉、料酒和蟹肉翻炒片刻。加水、蛋黄拌匀，用盐、白砂糖调味，用水淀粉勾芡，浇在豆腐块上，撒葱花即可。

蟹肉豆腐羹

材料

蟹肉 30 克，嫩豆腐 450 克。

调料

鸡精、白砂糖、盐、水淀粉、醋、香油各适量，海鲜高汤 1000 毫升。

做法

❶ 将食材全部洗净；嫩豆腐切成长条；蟹肉入沸水中汆烫，捞出。

❷ 锅中倒入海鲜高汤煮沸，放入嫩豆腐条稍煮，再放入蟹肉。

❸ 煮至水沸及蟹肉快熟时加鸡精、白砂糖、盐调味，再用水淀粉勾芡后以小火稍焖，熄火前淋醋和香油，调匀即可。

蟹肉银耳汤

材料

蟹肉 100 克，干紫菜 30 克，银耳 15 克，姜片、葱段各适量。

调料

高汤、盐、料酒、味精各适量。

做法

❶ 干紫菜洗净后沥水；银耳泡发，去杂质，洗净，掰成小朵。

❷ 油锅烧热，用姜片和葱段爆香，加料酒，注入足量高汤，大火煮沸。

❸ 放入银耳微煮后放入蟹肉煮熟。

❹ 放入紫菜，放入盐、味精调味即可。

蛤蜊冬瓜汤

材料

蛤蜊300克，冬瓜100克，葱、姜、香菜各适量。

调料

盐适量。

做法

❶ 蛤蜊洗净；葱、姜、香菜洗净，切末；冬瓜去皮、去瓤，洗净，切片（图①）。

❷ 油锅烧热，用葱花、姜末爆香，放入冬瓜煸炒至断生（图②、图③）。

❸ 放入蛤蜊继续煸炒，加适量清水，放入盐，继续煮（图④~图⑥）。

❹ 待蛤蜊张开口时，撒入香菜末即可（图⑦、图⑧）。

蛤蜊含有的代尔泰7-胆固醇等物质，可以降低血清中的胆固醇，从而降低体内的胆固醇含量，因此较适合高胆固醇、高血脂患者食用。

芥菜蛤蜊汤

材料

芥菜 250 克，蛤蜊 150 克，葱段、姜片、蒜各适量。

调料

高汤、辣椒酱、盐各适量。

做法

❶ 蛤蜊在盐水中浸泡后，去除泥沙，洗净；芥菜洗净。

❷ 将蛤蜊在沸水中煮至张口后捞出，取蛤蜊肉。

❸ 高汤入锅，放入葱段、姜片、蒜、辣椒酱，大火煮沸后放入蛤蜊肉。

❹ 改用小火温煮 30 分钟，放入芥菜，放入盐调味，片刻之后即可。

龙井蛤蜊汤

材料

蛤蜊 300 克，豆腐 200 克，姜片适量，龙井茶叶（干品）5 克，香菜叶少许。

调料

胡椒粉、盐、味精各适量。

做法

❶ 蛤蜊用加盐的水浸泡 2 小时左右，待蛤蜊吐净杂质后捞出沥干；豆腐洗净，用淡盐水浸泡 10 分钟左右，捞起切块；将上述材料和姜片入沸水锅中煮至蛤蜊开口，捞去浮沫。

❷ 将龙井茶叶放入碗中，加适量水泡开，滤掉茶叶，将茶汤倒入锅中。

❸ 待蛤蜊、豆腐块煮至入味时，加适量胡椒粉、盐、味精调味即可。

蛤蜊鸡汤

材料

土鸡半只（约300克），蛤蜊100克，葱段、姜片各适量。

调料

盐、味精、料酒各少许。

做法

❶ 土鸡用水洗净，切块，然后放入沸水锅中氽烫，取出，沥干水分；蛤蜊放入盐水中，使其吐净泥沙，然后充分清洗干净。

❷ 锅中倒入适量水，放入土鸡块、姜片、葱段，先用大火煮开，再改为小火慢炖约30分钟。

❸ 将蛤蜊放入锅中，小火熬煮至蛤蛎开口，加盐、味精、料酒调味，拌匀即可。

干贝萝卜蛤蜊汤

材料

蛤蜊200克，干贝80克，鸡爪60克，白萝卜100克，姜3片，沙参12克。

调料

盐适量，醪糟2小匙，鸡精1小匙，鸡高汤800毫升。

做法

❶ 鸡爪洗净，入沸水中氽烫，去除血水，捞出。

❷ 白萝卜洗净，去皮，切小块；蛤蜊泡水吐沙；干贝泡发，放入电饭锅蒸热；沙参切段。

❸ 汤锅中倒入鸡高汤煮沸，放入鸡爪、沙参和姜片，大火煮沸后改小火，加入干贝、白萝卜块续煮30分钟，最后加入蛤蜊煮至开口，加入剩余调料，搅拌即可。

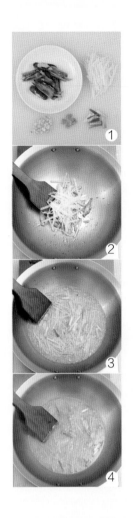

消食行气＋补阴清热

萝卜蛏子汤

材料

蛏子 300 克，白萝卜 150 克，葱段、姜片、蒜末各适量。

调料

料酒、盐、味精、鲜汤、胡椒粉各适量。

做法

❶ 白萝卜削皮，切细丝；蛏子洗净，放入淡盐水中泡 2 小时；备好其他食材（图①）。

❷ 蛏子放入沸水中汆烫一下，捞出，取出蛏子肉。

❸ 油锅烧热，用葱段、姜片爆香，放入白萝卜丝（图②）。

❹ 倒入鲜汤，加料酒、盐烧开，放入蛏子肉、味精再烧开，盛出，撒蒜末、胡椒粉即可（图③、图④）。

蛏子富含碘元素和硒元素。中医认为，蛏子肉可治疗烦热口渴、湿热水肿、小便不利、产后虚损、中暑等症。

生姜泥鳅汤

补益脾肾 + 温中健脾

材料

泥鳅 200 克，水发黄花菜 50 克，香菇 5 朵，胡萝卜片少许，姜 1 大块。

调料

盐 2 小匙，料酒 1 小匙，淀粉适量。

做法

❶ 泥鳅用淀粉抓干体表黏液，宰洗干净；黄花菜切去头尾；香菇用水泡发，洗净切片；姜切片。

❷ 油锅烧热，放入姜片、泥鳅，煎至金黄，烹入料酒，加入开水煮 10 分钟。

❸ 加入黄花菜、香菇片、胡萝卜片再煮片刻，加入盐调味即可。

炖泥鳅

补脾益肾 + 除湿退黄

材料

泥鳅 500 克，葱段 50 克，姜 4 片，香菜叶少许。

调料

大酱 40 克，老抽 4 小匙，料酒 1 大匙，十三香 1 小匙，盐、干辣椒段各适量。

做法

❶ 泥鳅放入加植物油的清水中浸泡，待其吐尽泥沙后放入碗中，加盐，泥鳅死后，洗净，捞出。

❷ 油锅烧热，放入干辣椒段、葱段、姜片、大酱、料酒、老抽，爆香后放入泥鳅，加十三香翻炒。

❸ 加水，烧沸后盖上锅盖，用中火炖 10 分钟，调至大火，将汤汁收浓后撒上香菜叶即可。

八珍豆腐煲

材料

豆腐半块,青椒半个,鸡蛋1个,熟牛蹄筋30克,牛肝菌20克,虾仁、鱿鱼、生菜、胡萝卜片、姜末、葱末、蒜末各适量。

调料

高汤、淀粉各适量,料酒2小匙,蚝油1大匙,盐半小匙,生抽、白胡椒粉各1小匙,香油少许。

做法

❶ 所有材料洗净;鸡蛋取蛋清;豆腐切片。

❷ 鱿鱼、虾仁先汆烫一下;生菜、胡萝卜片放入砂煲垫底。爆香葱末、姜末、蒜末,煎香豆腐片,加入高汤、盐、料酒煮熟倒入砂煲。

❸ 其余材料和生抽、蚝油放入砂煲,大火煮后,用淀粉勾芡,撒入白胡椒粉、香油即可。

鱿鱼酸辣汤

材料

水发鱿鱼200克,水发香菇、肉末各50克,虾仁25克,葱段适量。

调料

盐、香油、水淀粉、料酒、胡椒粉、醋各适量。

做法

❶ 水发鱿鱼洗净,切块,汆烫后捞出。

❷ 香菇去蒂结,洗净,切片;将虾仁在温水中加少许料酒浸泡。

❸ 将葱段、肉末、香菇在油锅内爆炒,然后放入虾仁,加料酒、盐和适量清水,大火煮沸。

❹ 放入鱿鱼块稍煮,水淀粉勾芡,加入胡椒粉,淋入醋、香油即可。

三鲜鱿鱼汤

补虚润肤 + 滋阴养胃

做法

❶ 鲫鱼处理干净后沥干水分，在鱼身上薄薄地拍一层淀粉；河虾去虾线，清洗干净；鱿鱼洗净，切段；备好其他食材（图①）。

❷ 油锅烧热，加少许盐，入鲫鱼煎至两面金黄（图②）。

❸ 另起油锅，放入鱿鱼段，调入料酒、生抽、老抽、蒜末、盐、白砂糖，并加少许清水煮沸，转小火炖至鱿鱼入味（图③）。

❹ 在炖鱿鱼的锅中加河虾和已经煎好的鲫鱼，稍煮至味道融合，出锅时撒上葱段和香菜叶即可（图④）。

材料

鱿鱼100克，鲫鱼1条，河虾200克，蒜末、葱段、香菜叶各适量。

调料

淀粉适量，料酒、生抽、老抽、盐、白砂糖各少许。

鱿鱼是一种低热量食品，有降低血液中胆固醇的功效；其所含的多肽和硒等微量元素有抗辐射作用。鱿鱼性寒，脾胃虚寒的人应少吃。

1　2　3　4

5　6　7

木耳鱿鱼汤

材料

鱿鱼 200 克，黑木耳 100 克，葱、姜、香菜各适量。

调料

盐、味精、香油各适量。

做法

❶ 黑木耳洗净，撕成小朵；葱、香菜洗净，切段；姜洗净，切片；鱿鱼洗净（图①）。

❷ 鱿鱼片成薄片（图②）。

❸ 油锅烧热，用葱段、姜片炝香，放入鱿鱼片、黑木耳烹炒均匀（图③～图⑤）。

❹ 锅中加水，调入盐、味精，大火烧开（图⑥）。

❺ 撇去浮沫，淋入香油，撒入香菜段即可（图⑦）。

鱿鱼富含人体必需的多种氨基酸，是一种既营养又保健的食材。黑木耳有滋补润燥、养血益胃的功效。

莲子牛蛙汤

材料

莲子150克，牛蛙3只，人参、黄芪、茯苓、麦冬、柴胡各10克，黄芩、地骨皮、车前子各5克，甘草3克。

调料

盐适量。

做法

❶ 莲子洗净；人参、黄芪、茯苓、麦冬、柴胡、黄芩、地骨皮、车前子、甘草一起装入棉布袋中，扎紧袋口，放入锅中，加适量水，煮半小时。

❷ 牛蛙宰杀后处理干净，剁成块。

❸ 将牛蛙块、莲子放入做法❶的药汤内煮沸。

❹ 捞出棉布袋，在锅内加盐调味即可。

墨鱼鲜汤

材料

墨鱼、鲜虾、蛤蜊、姜片各适量。

调料

盐适量。

做法

❶ 墨鱼撕去表皮，洗净，从内侧切花刀。

❷ 鲜虾去沙线，洗净。

❸ 蛤蜊反复洗净。

❹ 锅中加入适量清水，放入墨鱼、鲜虾、蛤蜊和姜片，大火煮沸后转小火煮熟，加盐调味即可。

第四章

素汤

美颜滋润

不同于其他食材，素菜是大自然最纯粹的馈赠。一份素汤，让你品尝自然的味道，来自于阳光的照射，雨露的滋润……

白菜豆腐汤

材料

白菜、豆腐各 200 克，红辣椒 50 克，葱花适量。

调料

醋、味精、白砂糖、大豆酱、料酒、牛骨汤各适量。

做法

❶ 豆腐洗净，切小方块；红辣椒洗净，去籽，切丁；白菜洗净（图①）。

❷ 白菜放入沸水中汆烫，捞出，切段。

❸ 油锅烧热，下入葱花、红辣椒丁、白菜段、料酒、醋、大豆酱翻炒（图②～图④）。

❹ 加入牛骨汤、豆腐、味精、白砂糖，煮至入味后出锅即可（图⑤～图⑧）。

白菜含有蛋白质、多种维生素及钙、铁等矿物质，经常食用可以增强人体免疫功能；冬天多吃白菜对增强免疫力有益。

韭菜平菇鸡蛋汤

止咳化痰 + 温中开胃

材料

平菇150克，韭菜30克，鸡蛋2个，葱花、姜末各适量。

调料

盐、味精、香油、老抽各适量。

做法

❶ 平菇洗净，撕成丝；韭菜洗净，切段；鸡蛋打入碗内，搅匀备用（图①）。

❷ 油锅烧热，用葱花、姜末爆香，烹入老抽，放入平菇丝煸炒均匀（图②）。

❸ 锅中加水，调入盐、味精煮沸，倒入鸡蛋液和韭菜段，淋入香油即可（图③、图④）。

平菇中含有的木质素、膳食纤维，在保持肠内水分的同时，会吸收体内多余的胆固醇和糖分，因此对缓解便秘、高血脂有好处。

豆泡炖白菜

材料

豆泡 500 克，白菜段 200 克，葱段适量，香菜叶少许。

调料

老抽、盐各 1 小匙，白砂糖 2 小匙，味精、鸡汤各适量。

做法

❶ 豆泡用清水略浸泡后洗净。

❷ 白菜段氽烫后捞出沥干。

❸ 将鸡汤、老抽、白砂糖、盐、味精加入碗中，调成味汁。

❹ 油锅烧热，投入葱段爆香，放入豆泡、白菜段略煸炒后，加味汁烧开，转小火炖 20 分钟，撒上香菜叶即可。

香干白菜煲

材料

白菜 200 克，香干 60 克，胡萝卜、芹菜、水发黑木耳各 30 克，葱花、姜末各少许。

调料

盐、味精、干辣椒段和香油各适量。

做法

❶ 将白菜清洗干净，撕成大块；香干与胡萝卜洗净，切成长条；芹菜择洗干净，切成段；木耳洗净，撕成小朵。

❷ 油锅烧热，将葱花、姜末和干辣椒段爆炒出香味，下入香干条、胡萝卜条、芹菜段和黑木耳朵快速翻炒片刻，加入白菜块炒至变软，加适量的水烧沸，调入盐和味精煲 3 分钟左右，淋上香油即可。

滋阴补血 + 健脾养胃

土豆菠菜汤

材料

菠菜 300 克，土豆半个，葱适量。

调料

面粉、淀粉、醋、盐各适量。

做法

❶ 菠菜择洗干净，切段；土豆洗净，切薄片；备好其他食材（图①）。

❷ 将土豆片放入盘中，加入面粉、部分盐、水搅拌，让土豆片均匀地沾上面粉。

❸ 油锅烧热，将沾上面粉的土豆片放入锅中，炸至表面成金黄色，捞出控油（图②）。

❹ 锅中加水煮沸，放入菠菜、土豆片，加盐、葱花和醋，再次开锅时用淀粉勾芡，煮至土豆变软时出锅即可（图③、图④）。

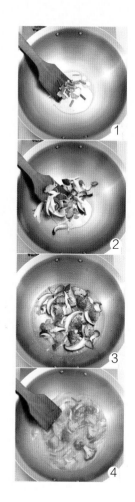

西蓝花蘑菇汤

补肾填精 + 补脾和胃

做法

❶ 西蓝花洗净，切成小块；鲜蘑菇洗净，撕成条；葱洗净，切段；姜洗净，切丝。

❷ 油锅烧热，用葱段、姜丝炝香（图①）。

❸ 放入西蓝花、鲜蘑菇同炒至断生（图②、图③）。

❹ 调入老抽、盐，倒入水煮沸，淋入香油即可（图④）。

材料

西蓝花200克，鲜蘑菇50克，葱、姜各适量。

调料

盐、老抽、香油各适量。

西蓝花富含维生素C等营养物质，有提高人体免疫力的功效；蘑菇有化痰理气的功效，此汤较适合老年人食用。

海带冬瓜汤

材料

海带 1 片，冬瓜（连皮）500 克，鲜百合 1 个，夏枯草 100 克，雪梨 2 个。

调料

冰糖适量。

做法

❶ 海带用水浸泡后切丝；冬瓜切片；雪梨洗净，去核，切块。

❷ 夏枯草、冰糖、海带丝、冬瓜片、雪梨块一起放入煲锅中，并加入适量清水。

❸ 水开后，调慢火煲约 2 小时，再加入百合煮 15 分钟即可。

菜花乱炖

材料

菜花 300 克，西红柿 1 个，黑木耳少许，香肠 5 根，榨菜末 1 大匙，葱花、姜末各适量。

调料

番茄酱、盐、鸡精各适量。

做法

❶ 用温水将黑木耳泡发，洗净，撕小朵；菜花入盐水中，浸泡 30 分钟，洗净后掰成小朵，用沸水汆烫去生涩味，捞出。

❷ 西红柿入水汆烫，去皮，切块；香肠切成条。

❸ 油锅烧热，爆香葱花、姜末，入西红柿块翻炒数下，入番茄酱，炒出红汁；入黑木耳、香肠条、菜花朵，翻炒数下，加水，调入盐与鸡精，加盖炖约 6 分钟，入榨菜末即可。

蔬菜蛋汤

益精补气 + 清热除烦

做法

❶ 黄瓜、胡萝卜洗净切末；黑木耳、银耳、蟹柳洗净，切末；鸡蛋打匀（图①）。

❷ 油锅烧热，用葱花、姜末爆香，放入银耳末、黑木耳末略炒，再放入黄瓜末、胡萝卜末同炒（图②）。

❸ 锅中加水，调入盐，放入蟹柳末烧沸，调入醋、胡椒粉，倒入鸡蛋液，淋入香油即可（图③、图④）。

材料

黄瓜50克，黑木耳30克，银耳10克，胡萝卜20克，蟹柳25克，鸡蛋1个，葱花、姜末各适量。

调料

盐、醋、胡椒粉、香油各适量。

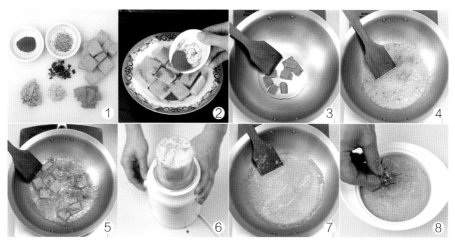

风味南瓜汤

材料

南瓜 800 克，鲜迭迭香叶 30 克，洋葱碎、胡萝卜片、芹菜碎各适量。

调料

香菜籽 2 大匙，肉桂粉 1 小匙，干辣椒 2 个，橄榄油 1 大匙，盐、黑胡椒碎半小匙，蔬菜高汤 500 毫升，酸奶油 4 大匙。

做法

❶ 南瓜去皮、籽，切大块；备好其他食材（图①）。

❷ 烤箱预热至 200 度。将南瓜块放入烤盘。将香菜籽、肉桂粉和干辣椒碾成细粉，撒在南瓜上，淋上橄榄油，撒上盐和黑胡椒碎，烘烤 40 分钟（图②）。

❸ 油锅烧热，倒入烤好的南瓜块、洋葱碎、胡萝卜片和芹菜碎，蔬菜变软时，加蔬菜高汤煮沸后关火（图③～图⑤）。

❹ 用手持式搅拌器将汤汁搅打成浓汤。将浓汤倒入锅中，加酸奶油，拌匀后用煎好的迭迭香叶装饰即可（图⑥～图⑧）。

山药薏米汤

材料

山药 1 根，大米 100 克，芡实 50 克，薏米 60 克，枸杞子 5 克。

调料

无。

做法

❶ 大米淘洗干净；山药去皮，洗净，切块，浸在水中防止变黑；备好其他食材（图①）。

❷ 枸杞子、薏米、芡实分别洗净，提前用清水浸泡一晚（图②）。

❸ 锅中加入适量水烧开，放入薏米、芡实、大米，大火烧开，转小火熬 30 分钟至所有材料软烂（图③）。

❹ 放入山药块和枸杞子，煮 10 分钟即可（图④）。

薏米性凉，味甘、淡，归脾、胃、肺经，有健脾渗湿、除痹止泻、清热的功效。

竹荪丝瓜汤

清热通络 + 补气养阴

材料

丝瓜 200 克，竹荪 50 克，粉丝 100 克，香菜 10 克，姜适量。

调料

清汤、盐、味精、胡椒粉、香油各适量。

做法

❶ 将丝瓜去皮，洗净，切成小块。

❷ 竹荪用水泡发后洗净；粉丝用清水泡发。

❸ 香菜洗净后切末；姜洗净后切末。

❹ 锅中注入足量清汤，放姜末用大火煮沸，再放入丝瓜块、竹荪、粉丝，再次煮沸后放盐、味精调味，煮熟后适当收汁，撒上胡椒粉和香菜末，淋入香油即可。

西瓜翠衣红豆汤

健脾利水 + 清暑解热

材料

红豆 100 克，西瓜皮、冬瓜皮各 80 克。

调料

无。

做法

❶ 将西瓜皮、冬瓜皮分别洗净；红豆用水泡发。

❷ 将做法❶中处理好的材料都放入砂锅中，加适量水，大火煮沸。

❸ 转小火煮约 30 分钟，滤渣取汁即可。

青豆浓汤

材料

冷冻豌豆半杯，玉米酱1罐。

调料

盐、白砂糖各半小匙，水淀粉2大匙，素高汤3杯。

做法

❶ 将冷冻豌豆、玉米酱倒在一起，搅匀。

❷ 取一耐热锅，倒入素高汤及搅匀的材料，加入白砂糖和盐搅匀，盖上锅盖，入微波炉，高火烧8分钟。

❸ 将水淀粉倒入做法❷中拌匀，入微波炉，高火烧2分钟即可。

大豆香菜汤

材料

大豆180克，香菜120克，红甜椒、姜各适量。

调料

盐适量。

做法

❶ 香菜择洗干净，切成小段；红甜椒、姜分别洗净，切片。

❷ 大豆洗净，放入一锅中，加适量水，煮30分钟。

❸ 放入姜片、香菜段、红甜椒片，再煮15分钟，出锅后调入盐即可。

西红柿黄瓜蛋汤

利水消肿 + 清热解毒

做法

❶ 黄瓜洗净,去皮,切成薄片;西红柿烫一下,撕去外皮,去籽,切片;鸡蛋磕入碗中,加少许盐搅拌(图①)。

❷ 油锅烧热,倒入蛋液,煎熟后盛出(图②)。

❸ 锅留底油,放入黄瓜略炒,加入清汤、盐,煮沸。

❹ 将煎蛋及西红柿下锅,加适量味精,起锅装入汤碗内,撒上葱花即可(图③、图④)。

材料

黄瓜 50 克,鸡蛋 1 个,西红柿半个,葱花适量。

调料

清汤、盐、味精各适量。

西红柿中含有丰富的谷胱甘肽,这种物质可以抑制黑色素,减退沉着的色素;其含有胡萝卜素和番茄红素是很好的抗氧化剂,多食西红柿可使皮肤白皙光滑。

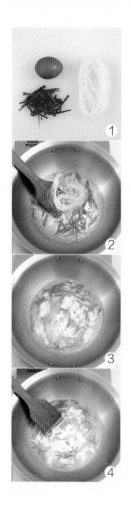

胡萝卜粉丝蛋汤

补肝明目 + 补中益气

材料

胡萝卜 100 克，粉丝 50 克，鸡蛋 1 个，葱段、姜片各适量。

调料

盐、味精、胡椒粉、香油、水淀粉各适量。

做法

❶ 胡萝卜洗净，去皮，切丝；粉丝泡开，切段；鸡蛋磕入碗中，搅匀（图①）。

❷ 油锅烧热，用葱段、姜片爆香，放入胡萝卜丝，炒至变色。

❸ 锅中加水，放入粉丝煮沸，调入盐、味精、胡椒粉，用水淀粉勾薄芡，打入鸡蛋，淋香油即可（图②~图④）。

胡萝卜含有丰富的槲皮素、山柰酚，这两种物质属于降糖物质，可以增加冠状动脉血流量，从而降低血脂，较适合糖尿病患者食用；胡萝卜素可以清除皮肤的自由肌，从而延缓衰老。

洋葱汤

材料

火腿 150 克，洋葱 1 个，金针菇 50 克，蒜末适量。

调料

高汤、盐、鸡精、黑胡椒粉各适量。

做法

❶ 火腿切薄片；洋葱去皮，洗净，切成条状。

❷ 油锅烧热，放入火腿片略煎，放入蒜末爆香，下入洋葱条炒软，倒入适量高汤，用大火煮沸。

❸ 转小火煮 8 分钟，离火前放入金针菇，略煮。

❹ 食用前放入盐、鸡精、黑胡椒粉调味即可。

芽菜火腿汤

材料

火腿 100 克，芽菜 50 克，黄瓜 1 根，姜片、葱花各适量。

调料

盐、鸡精、米醋各适量。

做法

❶ 火腿切成薄片；黄瓜洗净，切成片状。

❷ 芽菜放入碗中。

❸ 油锅烧至九成热，放入姜片爆香，下入芽菜炒散，倒入适量清水。

❹ 煮沸后，放入火腿片、黄瓜片，加入盐、鸡精调味，离火后撒入葱花，酌情添加米醋即可。

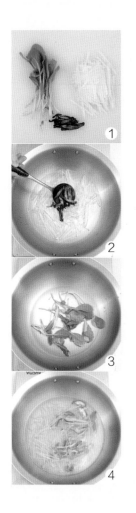

豆苗香菇萝卜汤

益气生津 + 消食行气

材料

白萝卜 150 克，水发香菇 80 克，豌豆苗 50 克。

调料

料酒、胡椒粉、盐、味精、清汤各适量。

做法

❶ 香菇洗净，切丝；白萝卜洗净，切细丝；豌豆苗洗净（图①）。

❷ 白萝卜丝和香菇丝放入沸水中，汆烫至八成熟，捞出；豌豆苗放入沸水中汆烫一下，捞出（图②、图③）。

❸ 锅内加清汤、料酒、盐、味精，烧沸后撇净浮沫。

❹ 锅中加入豌豆苗、香菇丝、白萝卜丝，撒上胡椒粉，待所有材料熟后出锅即可（图④）。

豌豆苗含有丰富的钙元素、胡萝卜素、B 族维生素、维生素 C，有消肿止痛、利尿止泻的功效。豆苗性凉，可以清除体内积热。

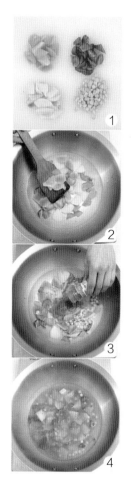

土豆玉米浓汤

益气和中 + 清热利尿

做法

❶ 土豆去皮，洗净，切块；莴笋去老皮，洗净，切块，莴笋叶留用；玉米粒从罐头中捞出控水；胡萝卜去皮，切块（图①）。

❷ 汤锅中加清汤煮沸，放入土豆块、莴笋块、胡萝卜块稍煮（图②）。

❸ 放入玉米，调入咖喱粉、鱼露、柠檬汁、盐，煮至材料熟透入味即可（图③、图④）。

材料

土豆300克，玉米罐头1罐，莴笋100克，胡萝卜半根。

调料

清汤、咖喱粉、鱼露、柠檬汁、盐各适量。

莴笋性微寒、味甘、微苦，归心、脾、胃、肺经，有通乳汁、清热利尿的功效。与胡萝卜同食，有利于营养吸收。

花香芋头汤

材料

桂花 50 克，芋头 300 克。

调料

冰糖、白砂糖、食用碱、鲜汤各适量。

做法

❶ 芋头洗净，去皮；备好其他食材（图①）。

❷ 芋头切块（图②）。

❸ 锅中加入清水，大火烧开，放入芋头块和食用碱，约煮 5 分钟，捞至盘内，摊开，放凉（图③）。

❹ 芋头块放汤碗中，加入冰糖、白砂糖，加入桂花，上笼用大火蒸烂（图④、图⑤）。

❺ 鲜汤另用锅烧沸，倒入芋头碗中，再入笼略蒸即可（图⑥~图⑧）。

芋头有益胃、宽肠、通便、解毒、散结、益肝肾的作用。

多菌豆腐汤

材料

多种菌类共 150 克，豆腐 100 克，葱末、姜末、黄瓜片各适量。

调料

盐、味精、香油、高汤各适量。

做法

❶ 豆腐洗净，切条。

❷ 菌类浸泡后洗净，放入沸水中氽烫，捞出，洗净、沥干。

❸ 油锅烧热，用葱末、姜末爆香，放入菌菇略炒几下，倒入高汤。

❹ 放入豆腐条，调入盐、味精，烧沸至熟，淋入香油，撒入黄瓜片即可。

平菇豆腐汤

材料

平菇 80 克，豆腐 100 克，葱花适量。

调料

盐、味精各适量。

做法

❶ 豆腐、平菇分别洗净，切成小块。

❷ 油锅烧热，放入平菇块翻炒片刻，加适量清水煮沸。

❸ 下入豆腐块，再次煮沸后撒入葱花，加盐、味精调味即可。

香椿芽豆腐汤

材料

豆腐 350 克，香椿芽 50 克，黑木耳 10 克。

调料

盐、水淀粉、香油、高汤各适量。

做法

❶ 黑木耳用温水泡发，撕成块状；香椿芽洗净，用沸水汆烫一下，沥干。

❷ 豆腐切成厚片，撒上少许盐，上锅蒸 15 分钟，取出放凉，切成条块。

❸ 汤锅内注入高汤，煮沸，下入豆腐片、黑木耳块、香椿芽，再次煮沸时加入盐调味。

❹ 离火前滴入香油，用水淀粉勾芡即可。

荸荠豆腐汤

材料

北豆腐 200 克，荸荠 300 克，粉丝 50 克，紫菜 30 克，姜适量。

调料

盐、香油各适量。

做法

❶ 豆腐浸洗干净后切成小块；粉丝用温水泡软，切段；紫菜泡软，洗净沙粒。

❷ 荸荠去蒂，去皮，洗净，切小块；姜洗净，切片。

❸ 锅中注入足量清水，用大火煮沸后放入荸荠块、粉丝段、紫菜、豆腐块和姜片，再次煮沸后改用小火温煮 2 个小时左右，至熟，收汁。

❹ 离火前放盐、香油调味即可。

豆腐海带汤

材料

海带3片，嫩豆腐1盒，蒜末1小匙。

调料

老抽1小匙，牛肉高汤3杯，盐半小匙。

做法

❶ 海带洗净；备好其他食材（图①）。

❷ 海带用冷水浸泡1小时，洗净沥干，切细条；嫩豆腐切成小块（图②、图③）。

❸ 油锅烧热，放入蒜末炒香，放入海带丝、老抽，翻炒几下（图④、图⑤）。

❹ 加入牛肉高汤，煮沸后加入豆腐块炖熟，加盐调味即可（图⑥～图⑧）。

海带中含有丰富的碘元素，碘是促进甲状腺素发挥正常功能的元素，有"智力元素"之称。办公室一族可多食海带，以抵抗辐射。

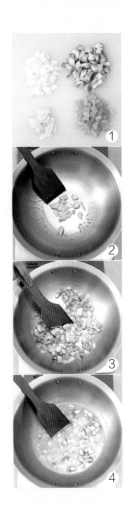

补中益气 + 安神解表

口蘑奶油浓汤

材料

口蘑 6 个，洋葱半个，西芹 30 克，蒜 4 瓣。

调料

面粉 30 克，淡奶油 120 毫升，奶酪 20 克，黑胡椒粉 1 小匙，盐 2 小匙，白砂糖半小匙，高汤块 2 块。

做法

❶ 材料洗净，口蘑、洋葱和西芹分别切丁；蒜切片（图①）。

❷ 油锅烧热，加面粉翻炒 1 分钟，盛出。

❸ 锅中重新倒油烧热，放洋葱丁和蒜片炒香，倒入口蘑丁、西芹丁和炒好的面粉，炒匀（图②、图③）。

❹ 加入没过食材的清水，大火烧开，调入黑胡椒粉、盐和高汤块，转中火煮 10 分钟。

❺ 倒入淡奶油、奶酪、白砂糖，继续以小火煮 5 ~ 10 分钟即可（图④）。

榨菜三丝汤

清热解毒 + 滋阴凉血

材料

榨菜50克,竹笋半支,西红柿1个,香菇2朵。

调料

盐、胡椒粉、香油各1小匙,素高汤2杯。

做法

❶ 竹笋洗净,用胶膜包好,入微波炉,高火2分30秒煮热,待凉,剥去外壳,切丝。

❷ 香菇泡软,去蒂,切成细丝;西红柿洗净,切条;榨菜以清水略浸泡,切丝。

❸ 耐热容器里放入素高汤及香菇丝、榨菜丝、笋丝,覆膜(留孔),高火烧10分钟。

❹ 取出做法❸中材料,将西红柿丝放入热汤中,加剩余调料拌匀即可。

三鲜冬瓜汤

利尿消肿 + 清热解毒

材料

冬瓜块400克,西红柿块、油菜心段、豆泡各50克,水发冬菇片、熟冬笋片各40克。

调料

盐2小匙,味精半小匙,香油1小匙,高汤750毫升。

做法

❶ 冬瓜块和豆泡余烫一下,捞出;冬菇片、油菜心、西红柿块放入加有少许盐的沸水中余烫一下,捞出。

❷ 油锅烧热,放入除油菜心外的所有材料炒匀,倒入高汤,煮沸后转小火煮5分钟,加盐、味精调味,撇去浮沫,放入油菜心煮至熟透,淋香油即可。

银耳雪梨汤

材料

银耳 75 克，莲子 80 克，雪梨 1 个，枸杞子 1 小匙，红枣 5 颗。

调料

冰糖 50 克。

做法

❶ 银耳洗净，用温水浸泡 30 分钟，待银耳涨发后，去蒂撕成小朵；莲子去心，洗净；雪梨去皮，切成小块；枸杞子、红枣用水洗净（图①）。

❷ 砂锅加入清水，烧开后放入莲子、银耳、雪梨块，改小火慢炖 1.5 小时（图②~图④）。

❸ 待银耳变软、变黏稠，加入枸杞子、红枣、冰糖，煮至冰糖融化即可（图⑤~图⑦）。

银耳有滋阴补肾、补气的功效；雪梨有润肺清燥、止咳化痰、养血的功效，两者熬汤有助于生津止渴、润燥化痰。

润肺止咳 + 温中健脾

姜甜梨汤

材料

鸭梨 2 个，子姜 30 克，
枸杞子 1 小匙。

调料

冰糖 1 小匙，蜂蜜 1 大匙。

做法

❶ 子姜洗净，去皮，切成薄片；鸭梨去皮、去核，切成块状；
枸杞子用温水泡发（图①）。

❷ 将切好的子姜片放入小汤锅中，加入 500 毫升的清水烧开，
转小火煎煮 10 分钟。

❸ 加入冰糖、鸭梨块和枸杞子，煮至冰糖融化且鸭梨略显清
透后关火，放凉，加入蜂蜜拌匀即可（图②~图④）。

鸭梨有清热化痰的功效；子姜有开胃止呕、发汗解表的功效，
配以冰糖、蜂蜜食用，此汤有润肺、清火、止咳的作用。

哈密瓜汤

材料

哈密瓜 500 克，百合 100 克，陈皮适量。

调料

冰糖适量。

做法

❶ 哈密瓜洗净，去皮，去籽，切成小块。

❷ 百合洗净；陈皮用温水浸泡后，切成丝。

❸ 锅内放足量清水，将百合、哈密瓜块和陈皮丝同时放入，用大火煮 30 分钟后改用小火温煮 2 小时。

❹ 放入冰糖，融化后调匀即可。

杏仁汤

材料

银耳 50 克，杏仁 15 克，川贝 10 克。

调料

冰糖适量。

做法

❶ 银耳泡发，去除根部黄色的杂质，洗净，掰成小朵。

❷ 杏仁洗净；川贝洗净，去杂质。

❸ 将银耳、川贝和杏仁一同放入锅内，注入足量清水，置火上，大火煮沸后改用小火温煮 1 小时。

❹ 放入冰糖，融化后调匀即可。

鲜莲银耳汤

材料

银耳 10 克，鲜莲子 30 克。

调料

鸡清汤 1500 毫升，清汤、盐、白砂糖各适量。

做法

❶ 银耳用冷水泡发，择洗干净后放入大碗内，加适量清汤蒸透取出，装入碗内。

❷ 将莲子去心，用水汆烫后再用水浸泡，使之略带脆性，装入银耳碗内。

❸ 烧开鸡清汤，加盐、白砂糖后注入银耳、莲子碗内即可。

苹果炖银耳

材料

苹果 2 个，红枣、水发银耳各 50 克，枸杞子、姜各适量。

调料

冰糖适量。

做法

❶ 苹果洗净后去核及皮，切块；红枣洗净后用温水泡软；银耳撕小朵；姜洗净后切小片。

❷ 取炖盅，放入苹果块、红枣、银耳朵、姜片和适量清水。

❸ 调入冰糖，盖上盖子后大火烧开，中火炖约 30 分钟，再撒入枸杞子略炖即可起锅。

雪耳蜜枣炖木瓜

健脾消食 + 养心润肺

做法

❶ 木瓜去皮，洗净，切块；蜜枣洗净；南杏、北杏和银耳用水浸泡（图①）。

❷ 锅中加适量沸水，放入蜜枣稍炖（图②）。

❸ 放入木瓜块和南杏、北杏以及银耳，水烧开后隔水蒸1个半小时，放入冰糖调味即可（图③、图④）。

材料

木瓜1个，银耳20克，南杏、北杏各40克，蜜枣10颗。

调料

冰糖150克。

木瓜性温，味甘、酸，归肝、脾经，有舒筋活络、化湿和胃的功效。

配以银耳食用，清甜滋润，较适合女性食用。

小吊梨汤

材料

梨 3 个，话梅 3 颗，枸杞子 30 克，银耳适量。

调料

冰糖 50 克。

做法

❶ 梨洗净，去皮，切为块状，梨皮留用；银耳用温水泡发，撕成小块。

❷ 将梨块、梨皮、银耳块、枸杞子、话梅、冰糖一同放入汤锅内，倒入适量清水，用大火煮 10 分钟。

❸ 转为小火，煮 1 小时即可。

清肝芦荟汤

材料

芦荟 3 片，芥菜、竹笋、红甜椒各半个，黄瓜半根，鲜香菇 1 个。

调料

盐 1 小匙。

做法

❶ 芦荟清洗干净，切成段；鲜香菇、芥菜、竹笋、红甜椒、黄瓜均清洗干净，切成块。

❷ 锅置火上，将芥菜块、竹笋块、鲜香菇块放入锅中，加入 5 杯水用大火煮沸。

❸ 转小火煮熟，再加入红甜椒块略煮，最后加入黄瓜块、芦荟段及盐，煮沸即可。